DK 622.798

FORSCHUNGSBERICHTE DES WIRTSCHAFTS- UND VERKEHRSMINISTERIUMS NORDRHEIN-WESTFALEN

Herausgegeben von Staatssekretär Prof. Dr. h. c. Leo Brandt

Nr. 478

Professor Dr.-Ing. habil. Wilhelm Petersen
Dr.-Ing. Siegfried Wawroschek
Dozentur für Brikettierung an der Rheinisch-Westfälischen
Technischen Hochschule Aachen

Brikettierungsversuche zur Erzeugung von Möllerbriketts unter Verwendung von Braunkohle

Als Manuskript gedruckt

WESTDEUTSCHER VERLAG / KÖLN UND OPLADEN

1957

ISBN 978-3-663-03567-1   ISBN 978-3-663-04756-8 (eBook)
DOI 10.1007/978-3-663-04756-8

Forschungsberichte des Wirtschafts- und Verkehrsministeriums Nordrhein-Westfalen

Gliederung

1. Einleitung .... S. 5
   1.0 Wirtschaftliche Gesichtspunkte .... S. 5
   1.1 Der technische Stand der Schwelverhüttungs-
       verfahren .... S. 6
2. Rohstoffe, Versuchsanordnung und -geräte .... S. 7
   2.1 Aufbau und Beschaffenheit der verwendeten Rohstoffe ... S. 7
       2.10 Erze .... S. 7
       2.11 Braunkohle .... S. 10
       2.12 Zuschlagstoffe .... S. 11
   2.2 Versuchsanordnung und -geräte .... S. 11
       2.20 Allgemeines .... S. 11
       2.21 Versuchsanordnung und -geräte zur Her-
            stellung der Möllerbriketts .... S. 11
       2.22 Versuchsanordnung und -geräte zur Erhitzung
            der Möllerbriketts .... S. 13
       2.23 Versuchsanordnung und -geräte zur Güteprüfung
            der Möllerbriketts .... S. 15
3. Untersuchungen über die Brikettierfähigkeit und Ofenstandfestigkeit von Möllerbriketts .... S. 16
   3.0 Allgemeines .... S. 16
   3.1 Verhüttungstechnische Betrachtungen über die Höhe der
       notwendigen Anteile von Erz, Kohle und Zuschlag .... S. 17
   3.2 Untersuchungen über die Brauchbarkeit von basischen
       Zuschlagstoffen .... S. 20
   3.3 Untersuchungen über die Vergleichbarkeit von Laboratori-
       ums- und Betriebspreßbedingungen .... S. 25
   3.4 Brikettierfähigkeit und Ofenstandfestigkeit von Briketts
       aus Braunkohle, Kalkhydrat und verschiedenen Erzen .... S. 28
       3.40 Versuche unter Verwendung von Rohspatschlamm .... S. 28
       3.41 Feinrohspat .... S. 31
       3.42 Rostspatstaub .... S. 33
       3.43 Magnetitschlich .... S. 36
       3.44 Doggererz .... S. 39
       3.45 Rotschlamm .... S. 41

3.5 Untersuchungen über die Abhängigkeit der
Kalt- und Warmdruckfestigkeit von besonderen
Einflußgrößen .... S. 45

    3.50 Allgemeines .... S. 45

    3.51 Versuche unter Änderung des Wassergehaltes
der Braunkohle .... S. 45

    3.52 Versuche unter Änderung des
Braunkohlenanteiles .... S. 57

    3.53 Versuche unter Änderung des
Kalkhydratanteiles .... S. 62

    3.54 Versuche unter Änderung der Erzkorn-
größe .... S. 65

    3.55 Versuche unter Änderung der Braunkohlen-
korngröße und .... S. 65

    3.56 Versuche unter Änderung des
SiO_2-Anteiles .... S. 69

3.6 Untersuchungen mit Mischbriketts .... S. 71

    3.60 Allgemeines .... S. 71

    3.61 Mischbriketts mit Doggererz und Rohspatschlamm ... S. 72

    3.62 Mischbriketts mit Doggererz und Rostspatstaub ... S. 74

    3.63 Mischbriketts mit Feinrohspat und Rohspatschlamm .. S. 76

3.7 Schlußbetrachtung, Verfahrensvorschlag und
Kostenvergleich .... S. 77

4. Zusammenfassung .... S. 84

5. Literaturverzeichnis .... S. 88

Forschungsberichte des Wirtschafts- und Verkehrsministeriums Nordrhein-Westfalen
___

1. Einleitung

1.0 Wirtschaftliche Gesichtspunkte

In den Jahren nach dem 2. Weltkrieg ist der Bedarf an Rohstoffen stark gestiegen. Trotz umfangreicher Kriegsschäden hat die Erzeugung den Vorkriegsstand bereits überschritten, und alle Schätzungen für das nächste Jahrzehnt [1] stimmen darin überein, daß mit einer zunehmenden Bedarfsausweitung zu rechnen ist.

Da vor allem die reichhaltigen Lagerstätten stark abnehmen, wirft diese Tatsache die Frage auf, wie die weniger hochwertigen Rohstofflager zu nutzen sind. Im Rahmen dieser Arbeit ist die Sachlage bei den Erz- und Kohlenvorkommen von Interesse.

Im gleichen Ausmaß wie ärmere Erze zur Eisenerzeugung herangezogen werden, steigt auf Grund der Gewinnungsart oder der Erzbeschaffenheit der Feinerzanteil an.

Dies Feinerz ist aber ohne besondere Vorbehandlung im üblichen Hochofenverfahren nicht verhüttbar; das feinkörnige Erz muß erst stückig gemacht werden. Obwohl technisch diese Vorbereitung möglich ist, ist sie nicht sehr beliebt, weil dabei Schwierigkeiten und erhebliche Mehrkosten eintreten. So belasten z.B. die Kosten für die Pelletisierung mit 7,-- bis 9,-- DM/t bzw. die für die Sinterung mit 10,-- bis 15,-- DM/t die Verhüttung recht stark [2]. Vor allem aber wird durch dieses Verfahren der Kokskohlenbedarf nicht verringert.

Die Koksversorgung bereitet schon jetzt in zweierlei Hinsichten Schwierigkeiten. Einmal gibt es viele Länder, die sehr wenige oder überhaupt keine Kokskohlenvorkommen besitzen und auf kostspielige Einfuhr von Koks oder Kokskohle angewiesen sind. Zum anderen treten auch in den ausgesprochenen Kokskohlenländern Engpässe auf.

So rechnet z.B. die Montanunion für die in ihr zusammengeschlossenen Ländern mit einem ungedeckten Koksbedarf bis 1960 von 3 - 5 Mio. t/Jahr.

Auf Grund der erwähnten Tatsachen wird seit etwa 10 bis 20 Jahren versucht, ein ergänzendes Verhüttungsverfahren zu finden, mit dem es möglich ist, unter Verwendung von Feinerzen und nicht verkokbaren Kohlen, die also bisher für die Verhüttung nicht in Frage kamen, Roheisen zu erschmelzen.

Forschungsberichte des Wirtschafts- und Verkehrsministeriums Nordrhein-Westfalen

1.1 Der technische Stand des Schwelverhüttungsverfahrens

Als ergänzendes Verfahren hat vor allem die Schwelverhüttung ihre Eignung nach den im Abschnitt 10 dargelegten Gesichtspunkten erwiesen.

Die ersten Vorschläge zur Schwelverhüttung wurden bereits vor dem letzten Krieg gemacht [3].

Der Gedanke wurde von der Humboldt-Deutz A.G., Köln, aufgegriffen und zu Anfang des Krieges weiter entwickelt. Damals bestand der Plan, das Feinerz mit Steinkohle unter Zusatz eines Bindemittels zu brikettieren, die Formlinge in einem besonderen Ofen zu verschwelen und anschließend in einem Schachtofen zu verhütten. Der Möllerzusatz sollte in der gleichen Art wie im Hochofen erfolgen.

Humboldt entwickelte darauf ein einstufiges Verfahren, wobei die Schwelung im oberen Schachtofenteil unter Ausnutzung der Gichtwärme vollzogen werden soll. Der von Humboldt gebaute Ofen hat eine besonders niedrige Beschickungshöhe (4-6 m Nutzhöhe) und wird als Niederschachtofen bezeichnet.

Als Einsatzgut sind Steinkohle-Erzbriketts vorgesehen, die auch die Zuschläge enthalten sollen.

Als Brennstoff wurden bei den bisherigen Versuchen, die vor allem in der Versuchs-Niederschachtofenanlage der Demag-Humboldt Niederschachtofen GmbH. in Köln-Kalk durchgeführt wurden, zur Brikettierung bituminöse Kohlen irgendwelcher Art herangezogen. Die Anforderungen an die Rohstoffe werden wie folgt angegeben [4, 5]. Für die Brikettierung ist ein mulmiges Erz, welches im Hochofen schlecht verhüttbar ist, besonders gut geeignet. Dies ist durch die Tatsache zu erklären, daß ein hartes und grobes Erz bei der Pressung mehr Verformungsarbeit benötigt. Bei schwer verhüttbaren Erzen ist eine möglichst geringe Korngröße anzustreben, weil bei größerer Berührungsfläche zwischen Erz und Kohle die Reduktion eher und schneller eintritt. Man ist nicht auf die Kokskohle als Kohlenstoffträger angewiesen und kann zumindest in Mischung jede Steinkohle gebrauchen. Um den erforderlichen Basengrad der Schlacken zu erreichen, wird ungebrannter Kalk im erforderlichen Anteil zugesetzt. Als Bindemittel wird auch der eigene Teeranfall - Rückgewinnung aus Gichtgasen - verwertet. Pech, Asphalt und Sulfitlauge werden als brauchbar betrachtet. Bei der erforderlichen Festigkeit der Briketts, die infolge der geringen

Schütthöhe nicht so groß wie im Hochofen sein muß, kommt es weniger auf die der Rohbriketts an, sondern mehr auf die Ofenstandfestigkeit der Preßlinge, die bis zu den Formen gewährleistet sein muß. Starker Grusanfall, der sich erfahrungsgemäß im Ofen zu Nestern zusammenballt, würde die technische Durchführung dieses Verhüttungsverfahrens in Frage stellen. Die Verwendung von Braunkohle als Kohlenstoffträger ist zwar von der Demag-Humboldt Niederschachtofen GmbH [6] geplant, jedoch sind nähere Untersuchungen über ihre Eignung bisher nirgends durchgeführt worden.

Durch umfangreiche Betriebsversuche [7] konnte festgestellt werden, daß fast alle Roheisensorten im Niederschachtofen zu erschmelzen sind, wobei die Reduktion der Eisen- und Metalloxyde überaus rasch vonstatten geht. Die Durchsatzzeit des Einsatzgutes wird in bezug auf das Hochofenverfahren um das 2- bis 3fache verkürzt. In einer sehr umfangreichen Wirtschaftlichkeitsberechnung konnte nachgewiesen werden [2], daß bei einer Leistung von 250 t Roheisen/Tag die Erstellung einer Niederschachtofenanlage einschließlich Möllervorbereitung um 15 bis 20 % billiger ist als eine entsprechende Hochofenanlage. Die Vorteile der Schwelverhüttung verringern sich mit Vergrößerung der Ofenleistung.

Aber selbst bei der Gegenüberstellung von einem Hochofen mit 1000 t Roheisen Tagesleistung und 4 Niederschachtofenanlagen von je 250 t Roheisen Tag soll die Wirtschaftlichkeit der Schwelverhüttung noch gegeben sein.

Die Aufgabe der vorliegenden Arbeit sollte es sein, ein stückiges (brikettiertes), ofenstandfestes und möllergerechtes Einsatzgut für den Niederschachtofen zu schaffen, wobei die Brikettierung bindemittellos durchzuführen und als Kohlenstoffträger eine Weichbraunkohle heranzuziehen war.

Damit wären sowohl die Bindemittelkosten erspart als auch die Kohlengrundlagen für die Eisengewinnung beträchtlich erweitert.

2. Rohstoffe, Versuchsanordnung und -geräte

2.1 Aufbau und Beschaffenheit der verwendeten Rohstoffe

2.10 Erze

Als Erzanteil in den Möllerbriketts wurden 6 verschiedene Erze herangezogen. Die Auswahl erfolgte nach den Gesichtspunkten, daß einmal möglichst verschiedenartige Erze auf ihre Eignung geprüft werden sollten, zum anderen solche Rohstoffe in die Untersuchung aufzunehmen waren, die bislang noch nicht verhüttet werden konnten.

Diese Tatsachen sind aus der folgenden Gliederung zu entnehmen.

I. Bislang zur Verhüttung ungenutzte Erze.

   1. karbonatisch: Rohspatschlamm
   2. oxydisch: Rotschlamm

II. Zur Verhüttung nur nach Stückigmachen zu verwendende Erze.

   1. karbonatisch: Feinrohspat
   2. oxydisch:
      a) Rostspatstaub, gerösteter Rohspat
      b) Doggererz, Fe_2O_3 mit 24 % $CaCO_3$
      c) Magnetitschlich, Fe_3O_4 mit 7,8 % SiO_2

Im einzelnen handelt es sich um drei Erze der Erzbergbau Siegerland AG., von denen zwei als Rohspat, das dritte als Rostspat vorlagen. Die beiden Rohspatproben unterschieden sich in der Korngröße und im Metallgehalt. Während der Rohspatschlamm bei einem Fe- + Mn-Gehalt von etwa 30 % - die Angaben der Gewichtsprozente sind immer auf die Trockensubstanz bezogen - in der Korngröße unter 0,5 mm vorlag, hatte der Feinrohspat bei einem Fe- + Mn-Gehalt von etwa 44 % noch 15 % Anteile von 2 - 1 mm. Nur der Kornanteil unter 1 mm (85 % des Feinrohspates) wurde zum Brikettieren verwandt. Die Siebstufe unter 0,1 mm fehlt beim Feinrohspat fast vollkommen; dieser Feinkornanteil ist bei der Stromklassierung vor der Feinkornsetzmaschine in die Abgänge der Wäsche gegangen und findet sich im Rohspatschlamm wieder.

Der Rostspatstaub, ein bei der Röstung des Rohspates anfallender Sichterstaub, ist noch feinkörniger als der Rohspatschlamm; er enthält nur Korn unter 0,15 mm, wovon 86,5 % unter 0,06 mm vorliegen. Der Rostspatstaub ist infolge der Bildung von Fe_3O_4 und γ-Fe_2O_3 bei der Röstung, die auch zu einer teilweisen Reduktion des Eisenerzes führt, z.T. stark magnetisch.

Als viertes Erz wurde ein oxydisches Fe-Erz (Doggererz) ohne Mangangehalt in Form eines Magnetkonzentrates der Grube Kahlenberg, Baden, der Barbara Erzbergbau AG. herangezogen. Bei einem Fe-Gehalt von etwa 33 bis 34 % und einer Korngröße von 1 - 0 mm ist in diesem Konzentrat noch etwa 9 bis 10 % chemisch gebundenes Wasser enthalten, der Gehalt an Hydratwasser in den Rohspäten ist mit unter 1 % nur sehr gering.

Als fünfte Erzsorte wurde in die Untersuchungen ein Magnetitschlich von Sydvaranger/Schweden einbezogen. Er lag in sehr feiner Körnung von 100 % unter 0,25 mm vor und enthielt bei einem Gehalt von 60,8 % Fe und 7,79 % SiO_2 einen im Vergleich zu anderen Schwedenerzen großen Quarzanteil.

Außerdem wurde als Erzanteil in den Möllerbriketts ein Rotschlamm benutzt. Etwa 90 % der jährlichen Welterzeugung von Tonerde werden nach einem Verfahren gewonnen, bei dem der Bauxit mit Alkalien aufgeschlossen wird. Bei der Filtration der Aluminatlösung fällt der sogenannte Rotschlamm an, der trotz seines hohen Fe-Gehaltes von etwa 40 % noch keine Abnehmer wegen seiner Feinheit und Feuchtigkeit gefunden hat. Der vorliegende Rotschlamm hatte 11 % freies Wasser (nach Xyloldestillationsverfahren bestimmt). Nach der Trocknung wurde folgende chemische Zusammensetzung ermittelt:

$$9,2 \% \; SiO_2$$
$$7,4 \% \; Al_2O_3$$
$$72,4 \% \; Fe_2O_3$$

Außer dem bei den Versuchen abgeschiedenen Wassergehalt von 11 % ist im Rotschlamm noch chemisch gebundenes Wasser vorhanden. Bei Erhitzung auf $500°$ C wurden insgesamt 15 % und bei Erhitzung auf $800°$ C sogar 17 % Gesamtwassergehalt ermittelt, so daß 4 - 6 % Wasser wahrscheinlich an das Al_2O_3 gebunden vorliegen.

Um festzustellen, ob die Korngröße des Erzes einen entscheidenden Einfluß auf die Güte des Briketts hat, wurde für eine Versuchsreihe das Feinrohspatkonzentrat in einer Laboratoriumskugelmühle unter 0,5 mm zerkleinert.

In Tabelle 1 sind die wichtigsten Analysenwerte der Erze vergleichend zusammengefaßt. Neben den Fe- + Mn-Gehalten und Korngrößen sind auch die Quarz- und Kalkanteile angeführt, die sowohl für die Hochofenzuschläge als auch für die Wahl der Pressenbauart von ausschlaggebender Bedeutung sein werden. Die spezifischen Gewichte sind mit dem Pyknometer bestimmt worden. Im einzelnen fällt bei dieser Zusammenstellung auf, daß der Quarzgehalt des Rohspatschlammes mit 20,6 % sehr groß ist. Dies Erz würde beim Verpressen einen großen Formzeugverschleiß herbeiführen und auf Grund seines hohen SiO_2-Gehaltes die Anwendung einer Strangpresse in Frage stellen. Ob die Brikettierung dieses Gutes noch in einer Ringwalzenpresse selbst bei reibungsvermindernden Zuschlägen, wie Gaphit, wirtschaftlich vertretbar ist, bleibt späteren Untersuchungen zur Entscheidung vorbehalten.

Tabelle 1

Vergleichende Gegenüberstellung der Bestandteile und der spezifischen Gewichte von verschiedenen Erzen

Erzart	Korngröße (mm)	Fe %	Mn %	Metall %	SiO_2 %	$CaCO_3$ %	Freies Wasser %	Spezif. Gewicht (kg/dm^3)
Rohspatschlamm	0-0,5	25,12	5,40	30,52	20,60	1,44	-	3,15
Feinrohspat	0-1,0	37,13	6,68	43,81	3,28	-1,0	-	3,57
Rostspatstaub	0-0,1	45,58	7,32	52,90	13,37	-1,0	-	3,93
Doggererz	0-1,0	33-34	-	33-34	9 -10	24	1,4	3,08
Magnetitschlich	0-0,25	60,70	0,11	60,81	7,79	1,0	5,2	4,25
Rotschlamm	0-1,0	39,3	-	39,3	9,20	-1,0	11,0	2,78

2.11 Braunkohle

Für die Untersuchung wurden sowohl die Fabriktrockenkohle als auch die Rohkohle von der Grube Zukunft der Braunkohlen-Industrie-AG., Eschweiler, herangezogen. Im allgemeinen wurde von der Fabriktrockenkohle nur der Kornanteil von 1 - 0 mm als Brikettiergut verwandt. Rohkohle wurde nur dann gebraucht, wenn der Wassergehalt der in der Fabrik getrockneten Kohle für die Versuchsanordnung zu niedrig lag. Der Wassergehalt der Fabriktrockenkohle betrug 18 %. Der Aschegehalt, bezogen auf Trockensubstanz, wurde mit 5,4 % ermittelt. Der Wassergehalt der Rohkohle betrug etwa 59 %. Für die Versuche wurde sie an der Luft auf die entsprechenden Wassergehalte heruntergetrocknet. Zur Brikettierung wurde auch hier nur das Korn unter 1 mm verwendet. Durch Schrumpfungen und Kornzerfall nimmt der Feinstkornanteil mit erhöhtem Trocknungsgrad zu. Da die Rohkohle bei unterschiedlichem Wassergehalt verpreßt wurde, kann nur die allgemeine

Aussage gemacht werden, daß sich der Feinstkornanteil in der Rohkohle mit zunehmenden Trocknungsgrad dem der Fabriktrockenkohle anglich.

2.12 Zuschlagstoffe

Da die verschiedenen Erze mehr oder weniger große Silikatanteile aufweisen, mußten den Mischbriketts zur Erreichung des notwendigen Basengrades in der Schlacke basische Zuschlagstoffe beigefügt werden. Diese Stoffe sind bei der Brikettierung und beim Erreichen einer genügenden Ofenstandfestigkeit von großem Einfluß. Im einzelnen wurden Versuche mit Kalziumoxyd (CaO), Kalziumhydrooxyd ($Ca(OH)_2$), Kalziumkarbonat ($CaCO_3$), Magnesiumoxyd (MgO) und Magnesiumhydroxyd ($Mg(OH)_2$) durchgeführt. Grundsätzlich lagen die Zuschlagstoffe als Feinstkorn mit 100 % bedeutend kleiner als 60 μ vor. Während CaO, $Ca(OH)_2$, MgO und $Mg(OH)_2$ in annähernd chemisch reinem Zustand angeliefert waren, wurde für die Versuche mit Kalziumkarbonat ein gemahlener Kalkstein verwandt, der den Anforderungen des Bergbaues an den für Sicherheitszwecke benötigten Gesteinsstaub entspricht.

2.2 Versuchsanordnung und -geräte

2.20 Allgemeines

Alle im Rahmen dieser Arbeit besprochenen Versuche sind im Brikettierungslaboratorium der Technischen Hochschule Aachen durchgeführt worden. Während die meisten Rohstoffe als übliche Aufbereitungserzeugnisse angeliefert wurden und sofort verbraucht werden konnten, war bei der Rohbraunkohle eine Absiebung auf 2 mm und eine Trocknung auf die jeweils angegebenen Wassergehalte notwendig. Für eine Versuchsreihe (Abschnitt 3,54) wurde auch der Feinrohspat nachzerkleinert. Für alle verwendeten Rohstoffe sind in Abschnitt 2.1 die Analysen angegeben.

2.21 Versuchsanordnung und -geräte zur Erzeugung der Möllerbriketts

Die Briketts wurden auf einer hydraulischen Presse der Firma Losenhausen hergestellt, deren Bau- und Arbeitsweise bereits an anderer Stelle [8] näher beschrieben wurde. Zum Brikettierformzeug (siehe Abb. 1) gehört ein Formsockel (A), der auf dem mittels einer Ölpumpe ausfahrbaren Pressentisch ruht. Darauf wird der Preßzylinder (B) aufgesetzt. Nachdem in diesem das Haufwerk eingefüllt ist, wird der Pressenstempel (C) in die Bohrung

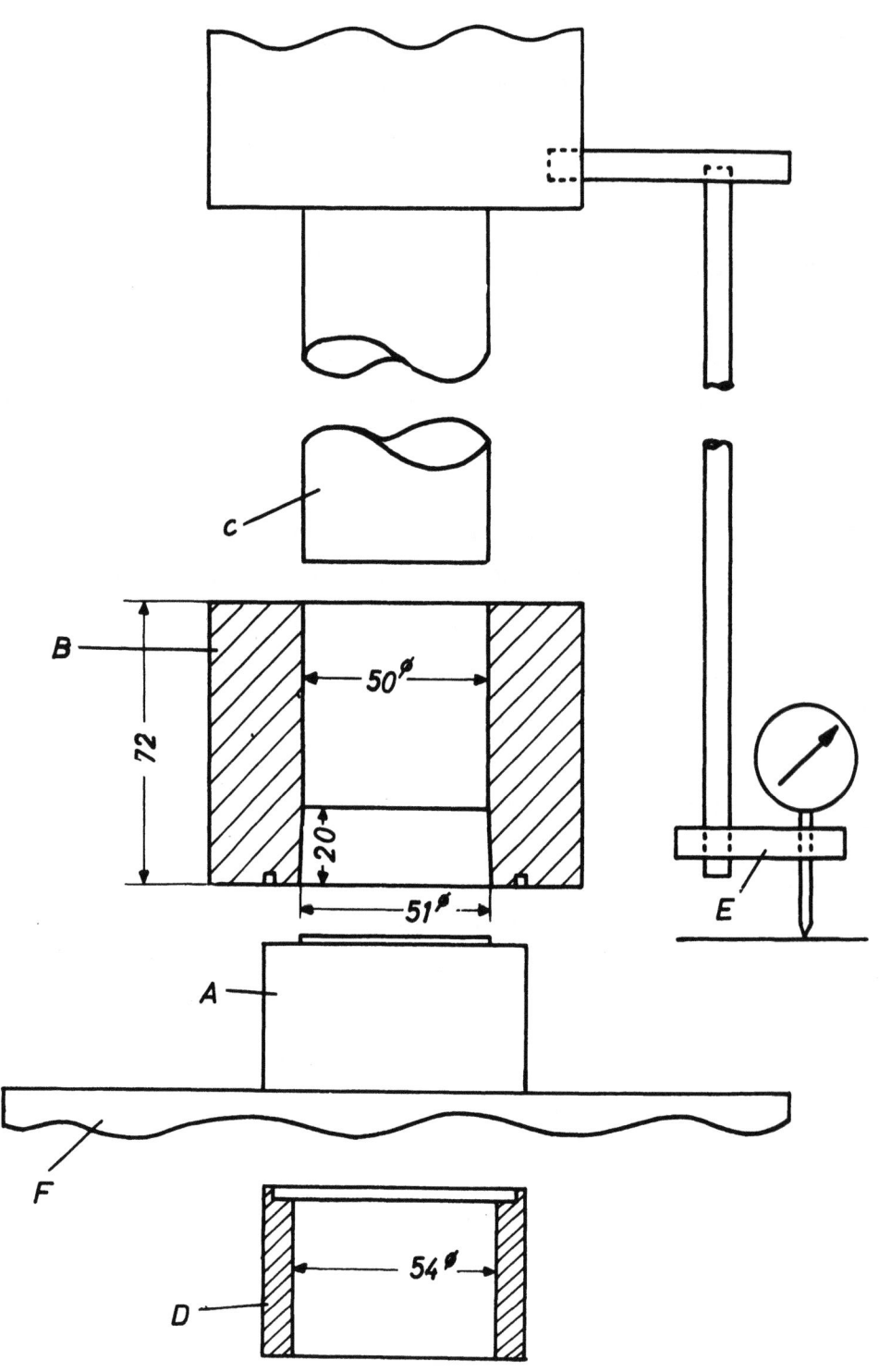

Abbildung 1

Laboratoriums-Formzeug

A Preßklotz D Ausstoßzylinder
B Preßzylinder E Meßuhr
C Pressenstempel F Pressentisch

von 50 mm Durchmesser eingeführt und das Haufwerk verdichtet. Die Bohrung ist auf 20 mm Länge leicht konisch, so daß sich der Bohrungsdurchmesser am Formsockel auf 51 mm erhöht. Nach Druckentlastung wird der Formsockel (A) durch den Ausstoßzylinder (D) ersetzt und das Brikett in dessen zylindrischen Raum hineingedrückt, von wo es nach dem Senken des Pressentisches entnommen werden kann. Die am Stempel über ein Gestänge befestigte Meßuhr dient zu indirekten Messung der Steinstärke (h_1) des Briketts beim Erreichen des Höchstdruckes. Die Einwaagemenge des Brikettiergutes wurde immer zu 60 g gewählt, weil sich bei früheren Untersuchungen [9] herausgestellt hatte, daß trotz gleichen Preßdruckes mit steigender Einwaagemenge die Festigkeit der Briketts zunimmt. Die Vorschubgeschwindigkeit des Stempels betrug 30 mm/min. Die Entlastung des Preßlinges erfolgte unmittelbar nach Erreichen des Höchstdruckes. Die niedergelegten Versuchsergebnisse sind die arithmetischen Mittel der an jeweils 5 Briketts gemessenen Einzelwerte.

Der Preßdruck wurde gewöhnlich zu 2000 und 3000 kg/cm^2 gewählt. Dieser hohe Preßdruck war notwendig, um in der hydraulischen Laboratoriumspresse Briketts zu erhalten, welche etwa die gleiche Verdichtung aufweisen wie Preßlinge, die in einer Laboratoriums- oder Betriebsstrangpresse erzeugt wurden (s. Abschn. 3.2).

2.22 Versuchsanordnung und -geräte zur Erhitzung der Möllerbriketts

Zur Beurteilung der Einsatzmöglichkeit der Möllerbriketts im Niederschachtofen ist neben der Kaltdruckfestigkeit vor allem die Standfestigkeit bei höheren Temperaturen (Ofenstandfestigkeit) im Ofen ein Kriterium. Für diese Versuche stand ein nach unseren Angaben von der Firma Koppers gebauter Laboratoriumsofen (s. Abb. 2) zur Verfügung. Die Abmessungen des Ofens betrugen 314 x 400 ⌀ mm. Der Ofenraum (1) von 100 x 100 ⌀ mm ist nach dem Abheben einer Schamottplatte (2) zugänglich. Während zwischen Ofenraum und Stahlblechumkleidung (3) eine Stampfmasse (4) eingefüllt war, bestanden sowohl die Wandungen und Abdeckungen des Ofens bzw. des Heizraumes als auch die Kanäle für 2 Thermoelemente (5), die Heizdrähte 6, das Inertgas (7) und das Schwelgas (8) aus Sillimanit. Die elektrische Beheizung erfolgte mittels einer Drahtspirale (9) (Kanthal A.1), die eine Leistung von etwa 1,25 KW aufnahm. Zur Messung der Warmdruckfestigkeit der Preßlinge unmittelbar im Ofen waren je ein Ober- und ein Unterstempel (10) von 3 cm Durchmesser vorgesehen. Da bei den vorliegenden Versuchen

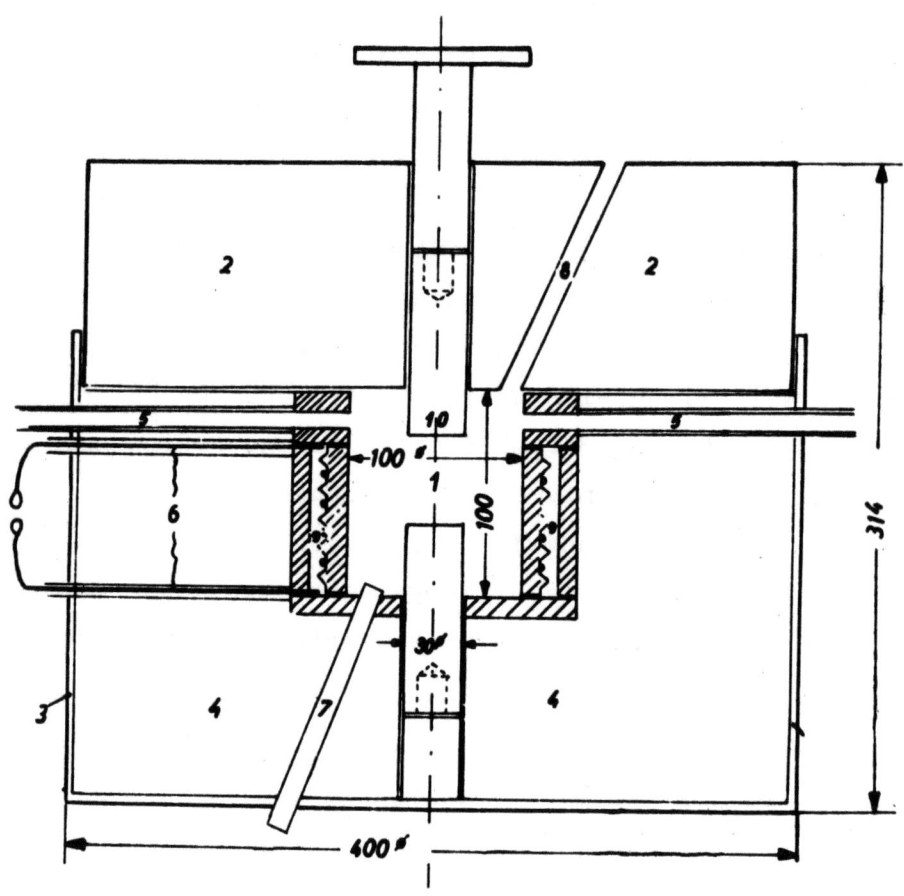

Abbildung 2

Laboratoriumsofen zur Ermittlung der Ofenstandfestigkeit

1 Ofenraum
2 Abdeckplatte
3 Stahlblechumkleidung
4 Stampfmasse
5 Rohr für Thermoelement
6 Rohr für Heizdrähte
7 Rohr für Inertgas
8 Rohr für Schwelgas
9 Heizspirale (Kanthal A-1)
10 Abschraubbares Stempelende (V2A-Stahl)

die Druckfestigkeitsprüfung nicht im Ofenraum selbst erfolgte, wurde die aus V_2A-Stahl gefertigten Stempelenden 10 abgeschraubt und somit Raum für 5 als Säule übereinanderstehende Briketts geschaffen.

Während der Erhitzung der Preßlinge war durch laufende Zugabe von Stickstoff ein schwacher Überdruck erreicht, um das Einströmen von Sauerstoff und damit eine Vergasung der Briketts zu verhindern. Die Regelung der Erhitzung erfolgte mit einem Temperatur-Programmregler der Firma Ruhstrat, Göttingen. Dieses Instrument ist ein unstetiger Regler. Die Sollwerteinstellung erfolgte selbsttätig entsprechend dem vorgeschriebenen Zeitplan. Der Zeitablauf des Sollwertes wird durch den Programmstreifen, welcher entsprechend der gewünschten Temperaturanstiegsgeschwindigkeit zu schneiden ist, gesteuert. Der Sollwert ist auf einer Skala von 20 bis 1400° C abzulesen. Die Stellung des Meßwertanzeigers wird alle 15 sec abgetastet. Liegt dabei der Istwert über dem Sollwert, so wird der Verbraucherstromkreis durch eine Quecksilberschaltröhre unterbrochen und erst wieder geschlossen, wenn der Istwert unter dem Sollwert liegt. Die Temperatur im Ofen wird mittels eines Platinrhodium-Platin-Thermoelementes gemessen. Zur Überwachung des Temperaturverlaufes war ein 2. Thermoelement in den Ofenraum eingeführt, welches als Meßgeber für einen Temperaturschreiber der Firma Hartmann & Braun AG. diente. Dieser Schreiber punktete in Zeitabständen von 60 sec die Isttemperatur auf einen mit Temperatur- und Zeitmarken versehenen Schreibstreifen.

Nachdem die Briketts bis zur gewünschten Prüftemperatur erhitzt waren, wurden sie einzeln aus dem Ofenraum genommen, ihre Steinstärken mit einer Schublehre gemessen und anschließend auf der Losenhausenpresse der unter 2.23 beschriebenen Druckfestigkeitsmessung unterworfen. Da dieser Prüfvorgang in weniger als 1 Minute verlief, ist nicht anzunehmen, daß die Warmdruckfestigkeit der Briketts durch die Abkühlung (Erhöhung der Wärmespannungen) oder die Sauerstoffeinwirkung (Vergasung) nennenswert verändert wurde.

Die so gefundenen Werte werden etwas niedriger sein als die tatsächlichen im Ofen unter Inertatmosphäre vorhandenen Warmdruckfestigkeiten.

2.23 Versuchsanordnung und -geräte zur Güteprüfung der Möllerbriketts

In früheren Untersuchungen sowohl vom hiesigen [10] als auch von anderen Brikettierungslaboratorien [11] wurde gefunden, daß die Festigkeitseigenschaften eines Briketts sehr gut durch die Messung der Druckfestigkeit gekennzeichnet werden können. Der Ansicht [12], daß die Ofenstandfestigkeit mindestens gleich gut durch die Messung der Trommelfestigkeit zu bestimmen ist, kann nicht widersprochen werden, doch war die Möglichkeit dazu bei der Prüfung der heißen Möllerbriketts nicht gegeben. Selbst wenn man die Trommel mit Inertgas beschicken würde, so daß eine Entzündung der Briketts nicht einträte, würde durch die unvermeidbare Abkühlung der Briketts während der Trommlungsdauer die erlangten Gütewerte kein Maß mehr für die wahre Ofenstandfestigkeit sein. In dieser Arbeit wurde deshalb als Maß für die Ofenstandfestigkeit immer die Warmdruckfestigkeit (Druckfestigkeit der Briketts im warmen Zustand) angegeben.

Die Druckfestigkeitsmessung wurde auf der unter 2.21 beschriebenen Losenhausenpresse durchgeführt. Die Prüfstempel hatten eine geschruppte Stahloberfläche von 30 mm Durchmesser. Die Vorschubgeschwindigkeit der Stempel betrug immer 8 mm/min. Die gemessenen Druckfestigkeiten wurden nach der Formel von RAMMLER und METZNER [13] auf eine Normsteinstärke von 20 mm reduziert. Dadurch sind Gütewerte verschieden starker Briketts unmittelbar vergleichbar.

Die Kräfte unterhalb von 1000 kg - bei der gegebenen Stempeloberfläche von 7,06 cm^2 sind 1000 kg gleichbedeutend mit einer gemessenen Druckfestigkeit von etwa 141 kg/cm^2 - wurden mit einer Losenhausen-Druckmeßdose gemessen, weil in diesem Bereich beim Pressenmanometer keine garantierte Fehlergrenze ($\pm$ 3 %) besteht.

Die gemessenen Druckfestigkeiten wurden mit K_D, die reduzierten Werte mit K_{Do} bezeichnet.

3. Untersuchung über die Brikettierfähigkeit und Ofenstandfestigkeit von Möllerbriketts

3.0 Allgemeines

In der Ostzone sind bereits kurz nach diesem Kriege Versuche mit dem Ziel durchgeführt worden, durch die Zweistoffbrikettierung von Braunkohle und Eisenerz stückiges Einsatzgut für Niederschacht- oder Hochöfen zu erhalten. Die Untersuchungen wurden damals erfolglos abgebrochen. Aus einer diesbezüglichen Veröffentlichung von RAMMLER und HEIDE [14] konnten wertvolle Hinweise entnommen werden. Leider ist an vielen Stellen die Vergleichsmöglichkeit wegen unvollständiger Angabe der Versuchsanordnung, der Verschiedenheit der verwendeten Rohstoffe und des Fehlens von vergleichbaren Gütewerten nicht gegeben.

Aus diesem Grunde wurden im Brikettierungslaboratorium der Technischen Hochschule Aachen im Jahre 1955 nochmals umfangreiche Untersuchungen über die Brikettierfähigkeit und Ofenstandfestigkeit von Braunkohle-Erz-Briketts durchgeführt [15]. Zwar konnten durch zweckmäßige Wahl der Korngrößen und Wassergehalte bei den verwendeten Rohstoffen gute Druck- und Trommelfestigkeiten erreicht werden, welche die Preßlinge geeignet für Lagerung und Beförderung erscheinen ließen. Doch stellte sich heraus, daß die Briketts ähnlich wie bei den Versuchen von RAMMLER keine genügende Ofenstandfestigkeit aufweisen. Oberhalb von 600° C Ofentemperatur waren alle Preßlinge zerfallen. Diese Festigkeitsschädigung tritt mit der Entwässerung und Entgasung des Braunkohlenanteiles ein.

In diesem Zweistoffbriketts fehlte also ein Stoff, der nach Aufhebung der Wasserbindungskräfte ein festes Gerüst bildet und dadurch den Brikettzerfall verhindert. Da die meisten Erze mehr oder weniger große SiO_2-Anteile haben und daher zur Verhüttung einen basischen Zuschlagstoff erfordern, war es naheliegend, bei diesen einen Gerüstbildner zu suchen. Alle im folgenden beschriebenen Versuche wurden mit Dreistoffbriketts aus Erz, Braunkohle und basischem Zuschlag durchgeführt.

3.1 Verhüttungstechnische Betrachtung über die Höhe der notwendigen Anteile von Erz, Kohle und Zuschlag

Da die Briketts zum Einsatz im Niederschachtofen bestimmt sind, muß die Mischung der verschiedenen Preßlingsanteile möllergerecht sein. Dies bedeutet, daß die Braunkohlenmenge einmal zur Reduktion der Metalloxyde zum anderen zur Erwärmung des Einsatzgutes ausreichen muß. Weiterhin muß zur Erreichung des Basengrades und damit des Schmelzpunktes der Schlacke das Haufwerk einen basischen Zuschlag enthalten, dessen Größe sich nach dem SiO_2-Gehalt des Erzes richtet. Der Aschegehalt der Braunkohle wurde außer acht gelassen, weil dieser annähernd als neutral anzusehen ist [19]

Die im folgenden durchgeführte Berechnung des Mischungsverhältnisses der verschiedenen Anteile im Möllerbrikett kann keinen Anspruch auf große Genauigkeit erheben, da bekanntlich das Mischungsverhältnis beim Verhüttungsverfahren von vielen Größen beeinflußt wird, die z.B. ohne genaue Kenntnis des Verfahrens oder der zufälligen Rohstoffbeschaffenheit im voraus nicht bestimmbar sind.

Die wärmewirtschaftliche Betrachtung geht von der üblichen Annahme aus, daß zum Erschmelzen von 1 t Roheisen etwa 1 t Steinkohlenkoks benötigt wird.

Forschungsberichte des Wirtschafts- und Verkehrsministeriums Nordrhein-Westfalen

Tabelle 2

Gegenüberstellung der Heizwerte und der Kohlenstoffgehalte von Steinkohlenkoks und Braunkohle

		H_u (kcal)	C (%)
1 kg Hüttenkoks (Steinkohle)	rein	8000	96
	mit etwa 2 % Wasser 10 % Asche 1 % S	7000	84
1 kg Braunkohle	rein	6000	65
	mit etwa 8 % Wasser 5,4 % Asche unter 1 % S	5200	56
	mit etwa 14,6 % Wasser 5,4 % Asche unter 1 % S	4800	52

Es entspricht nach Tabelle 2 dem Wärmewert 1 t Steinkohlenkokses etwa 1,35 t Braunkohle bei 8 % und 1,46 t bei 14,6 % Wassergehalt.

Demnach müßte für Möllerbriketts, die zur Verhüttung im Niederschachtofen vorgesehen sind, folgendes wärmewirtschaftlich bedingtes Mischungsverhältnis gewählt werden (als Beispiel für einen Braunkohlenwassergehalt von 14,6 und 8 %).

Nach Tabelle 2 hat die verwendete Braunkohle einen um 1/3 geringeren Kohlenstoffgehalt als der übliche Hüttenkoks. Der Kohlenstoffgehalt der aus wärmewirtschaftlichen Gründen zuzusetzenden Braunkohlenmenge reicht bei weitem zur Reduktion aus. Unter der Annahme, daß das Erz als Fe_2O_3 vorliegt, wobei mehr Kohlenstoff als zur Reduktion von Fe_3O_4 gebraucht wird, würden im ungünstigsten Fall, d.h. bei der alleinigen Umsetzung zu

Forschungsberichte des Wirtschafts- und Verkehrsministeriums Nordrhein-Westfalen

T a b e l l e 3

Wärmewirtschaftlich bedingter Braunkohlenzusatz (t)/t Erz

(Die in Klammern gesetzten Zahlen geben den Metallgehalt (Fe + Mn) der Erze an)

	bei einem Wassergehalt der Braunkohle von	
	14,6 %	8 %
Magnetitschlich (60,8 %)	0,89	0,82
Rostspatstaub (53 %)	0,77	0,71
Feinrohspat (44 %)	0,63	0,59
Doggererz (33,5 %)	0,50	0,45
Rohspatschlamm (30 %)	0,45	0,41
Rotschlamm (∼ 40 %)	0,57	0,53

CO, 332 kg Kohlenstoff/t Roheisen benötigt werden. Erfahrungsgemäß liegt der Bedarf aber nur bei 250 - 270 kg Kohlenstoff/t Roheisen, da ein Teil des Kohlenstoffes sich mit Sauerstoff auch zu CO_2 verbindet.

Mit dem Braunkohlenanteil von 1,46 t bei 8 % Wassergehalt der Braunkohle, der je t Roheisen veranschlagt wurde (s.S. 18), stehen aber 720 kg C zur Verfügung, welche die im ungünstigsten Fall zur Reduktion benötigte Kohlenstoffmenge um mehr als 100 % überschreitet. In Tabelle 4 sind die basischen Zuschlagmengen angegeben, die auf Grund des SiO_2-Gehaltes der verschiedenen Erze dem Möllerbrikett beigemengt werden müssen.

Der notwendige Basengrad und günstige Schmelzpunkt ist dann erreicht, wenn in der Schlacke folgende stabile Verbindung mengenmäßig möglich ist:

$$2\ CaO \cdot SiO_2 \cdot (bzw.\ 2\ MgO \cdot SiO_2).$$

Für den Rotschlamm konnte diese Berechnung nicht vorgenommen werden, da dieser auch noch 7,4 % Al_2O_3 enthält, das zwar in der Schlacke basisch wirkt, aber mit SiO_2 keine stabile Verbindung bildet. Nach dem Rankin'schen Zustandsdiagramm des Systems $SiO_2 - CaO-Al_2O_3$ ergibt sich für einen angenommenen Schlackenschmelzpunkt von etwa 1400° C folgende Zusammensetzung:

CaO   37 %
Al_2O_3 27 %
SiO_2 36 %

Forschungsberichte des Wirtschafts- und Verkehrsministeriums Nordrhein-Westfalen

Tabelle 4

Notwendiger Anteil der basischen Zuschlagstoffe für die verschiedenen Erzsorten

Erzart	Gehalt des Erzes an:		noch freies SiO_2 (%)	Notwendiger basischer Zuschlag/t E (kg)				
	SiO_2 (%)	$CaCO_3$ (%)		CaO	$CaCO_3$	$Ca(OH)_2$	MgO	$Mg(OH)_2$
Magnetit-schlich	7,79	1,0	7,5	140	250	185	103	146
Rostspatstaub	13,37	-1,0	13,3	249	343	329	178	279
Feinrohspat	3,28	-1,0	3,2	60	107	79	43	62,5
Doggererz	10,0	24,0	2,8	52	93,5	69	37,5	55
Rohspatschlamm	20,6	1,44	20,2	378	675	498	270,5	394
Rotschlamm	9,2	7,4 Al_2O_3	-	-	-	139	-	-

Allgemein kann gesagt werden, daß ein aus brikettiertechnischen Gesichtspunkten (s. Abschn. 3.53) anzustrebender größerer Zuschlaganteil aus wirtschaftlichen und ofenbautechnischen Gründen nicht zu verantworten ist, weil dieser den Schlackenschmelzpunkt stark heraufsetzt. Auf Grund der oben erläuterten verhüttungstechnischen Gesichtspunkte sind die möllergerechten Mischungsverhältnisse in Tabelle 5 für die verschiedenen Erze und eine Braunkohle von 8 % Wassergehalt zusammengestellt.

3.2 Untersuchung über die Brauchbarkeit von basischen Zuschlagstoffen

Versuche mit Kalkstein ($CaCO_3$)

Der übliche und zugleich billigste basische Zuschlagstoff beim Verhüttungsverfahren ist der Kalkstein. So lag es nahe, zunächst ein feinkörniges Kalziumkarbonat dem Brikettiergut beizumischen (s. unter 2.12). Als Erz wurde Rostspatstaub gewählt, welcher in Mischung mit Braunkohle und Ca$(OH)_2$ (s. unter 3.42) eine gute Kalt- und Warmdruckfestigkeit aufwies.

Die Briketts aus Rostspatstaub, Braunkohle (8 % W) und $CaCO_3$ (s. Abb. 3) ergaben zwar sowohl bei 2000 als auch bei 3000 kg/cm^2 Preßdruck ausreichende Kaltdruckfestigkeiten, doch bei 400° C Ofentemperatur war die Druck-

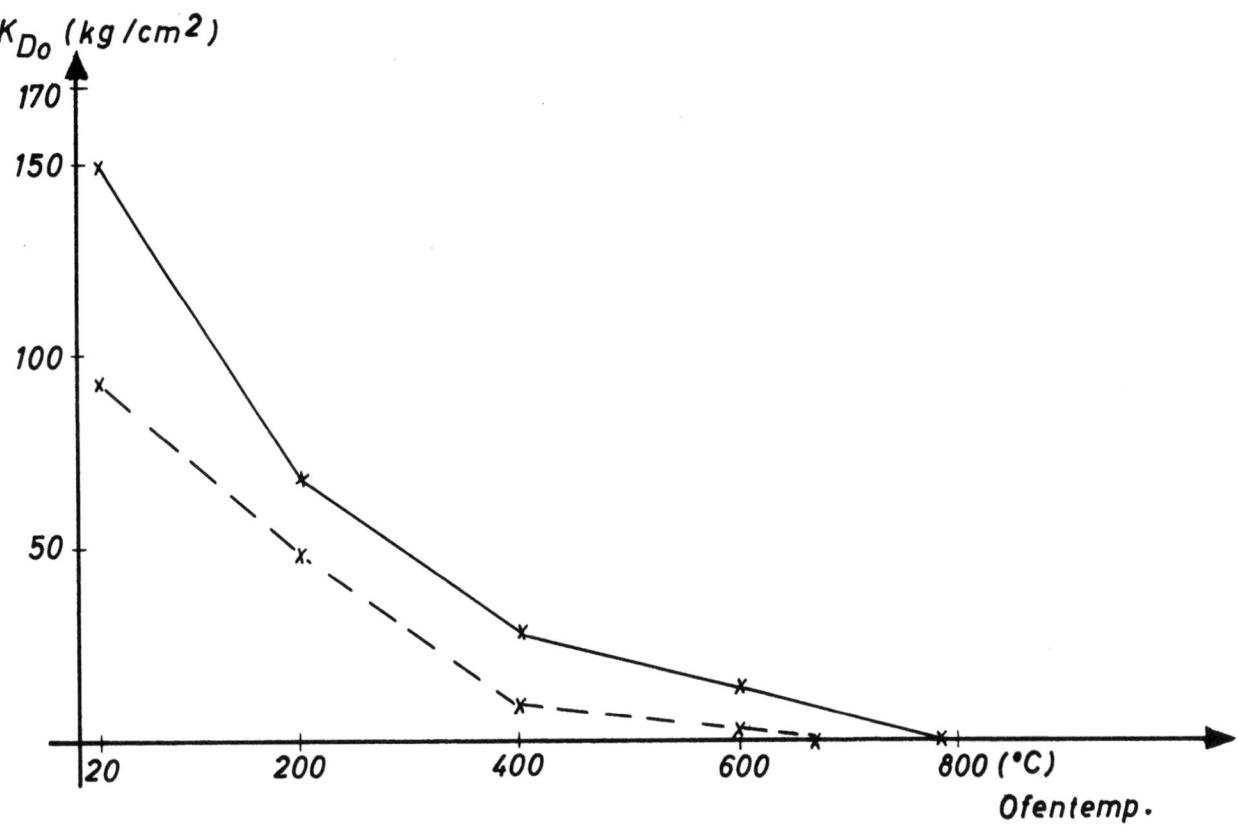

Abbildung 3

Reduzierte Druckfestigkeit in Abhängigkeit von der Ofentemperatur

nach einer Lagerzeit von 20 min bei den Preßdrücken von

------ 2000 (kg/cm^2) ——— 3000 (kg/cm^3)

Tabelle 5

Prozentuales Gemischverhältnis für die verschiedenen Erzsorten und Kalkhydrat unter der Voraussetzung des 8-prozentigen Wassergehaltes in der Braunkohle

Erzart	Erz	Kohle	$Ca(OH)_2$
Magnetitschlich	50	41	9
Rostspatstaub	49	35	16
Feinrohspat	60	35,3	4,7
Doggererz	65,8	29,6	4,6
Rohspatschlamm	52,3	21,7	26
Rotschlamm	60	31,7	8,3

festigkeit bereits auf 12 bzw. 32 kg/cm² gefallen und bei 800° C war das Brikettgefüge vollkommen zerstört. Es zeigte sich also, daß das Kalziumkarbonat nicht geeignet ist, nach Auflösung der Braunkohlen-Wasserbindungskräfte ein genügend starkes Gerüst zu bilden. Eine Betrachtung der Steinstärkenveränderung durch die Einwirkung der Erhitzung zeigt, daß die Briketts von 2000 kg/cm² Preßdruck schon bei 200° C ihre Steinstärke um etwa 6 % vergrößert haben. Bei 3000 kg/cm² Preßdruck tritt etwa die gleiche Expansion bei der Erhitzung bis 400° C auf.

Das Kalziumkarbonat setzt offenbar der schädigenden Wirkung der Wasserabgabe der Braunkohle keinen Widerstand entgegen. Das Raumgewicht des Preßlings und damit seine Festigkeit sinkt sowohl durch den Gewichtsverlust bei der Entwässerung als auch durch die Expansion. Diese Eigenschaften machen das $CaCO_3$ für die beabsichtigte Art der Möllerbrikettierung ungeeignet.

Versuche unter Zugabe von CaO

In einer weiteren Versuchsreihe wurde gebrannter Kalk als Zuschlag verwandt. Es zeigte sich, daß Briketts mit CaO-Zusatz sich sehr schnell auflockern und nach 15-stündiger Lagerzeit an der Atmosphäre vollkommen zerfallen. Dieser Festigkeitsverlust der Briketts ist durch die starke Reaktionsfähigkeit des gebrannten Kalkes mit Wasser nach

$$CaO + H_2O \longrightarrow Ca(OH)_2$$

zu erklären. Das gebildete Kalkhydrat ist bedeutend voluminöser als CaO und sprengt damit das Brikettgefüge auf.

Beim Eintauchen in Wasser zerfallen die Preßlinge sofort. Auch durch die thermische Beanspruchung der Mischbriketts bei 200° C in einem Muffelofen trat vollkommene Zerstörung innerhalb von 10 Minuten ein.

Der bei der Erhitzung aus der wasserhaltigen Braunkohle entweichende Wasserdampf bewirkt die schnelle, oben erwähnte Reaktion mit der damit verbundenen Auflösung des Brikettgefüges.

Versuche mit MgO

Auch Möllerbriketts, die aus 31 g Rostspatstaub, 23,5 g Braunkohle (8 % W) und 5,5 g MgO hergestellt waren, blieben während der Lagerung und Erhitzung im Muffelofen nicht formbeständig.

Die Kaltdruckfestigkeiten der bei 2000 und 3000 kg/cm^2 Preßdruck erzeugten Briketts waren mit 138 bzw. 202 kg/cm^2 als gut anzusprechen. Jedoch bei Erhitzung auf 800° C waren die mit 2000 kg/cm^2 Preßdruck hergestell-Briketts schon vollkommen zerfallen, und die mit 3000 kg/cm^2 erzeugten Preßlinge wiesen nur noch 18 kg/cm^2 Druckfestigkeit auf.

Nach 24 Stunden Lagerzeit war die Kaltdruckfestigkeit um etwa 25 % gefallen, und bei unter beiden Preßdrücken erzeugten Möllerbriketts trat ein vollkommener Zerfall schon bei der Erhitzung auf 400° C ein.

Diese Versuchsergebnisse zeigen, daß auch das Magnesiumoxyd für die Möllerbrikettierung als basicher Zuschlagstoff nicht geeignet ist.

Versuche mit Mg(OH)$_2$

Nachdem (s.Abschn 3.4) durch Beimischung von Kalziumhydrat gute Kalt- und Warmdruckfestigkeiten der Möllerbriketts erreicht wurden, lag es nahe, auch die Verwendung von Mg(OH)$_2$ zu erproben. Die Erwartungen wurden dadurch enttäuscht, daß Möllerbriketts aus Rostspatstaub, Braunkohle (8% W) und Mg(OH)$_2$ selbst bei Anwendung von 3000 kg/cm^2 Preßdruck nur Kaltdruckfestigkeiten von 121 kg/cm^2 und Warmdruckfestigkeiten bei 400° C von 54 kg/cm^2 und bei 800° C von 14 kg/cm^2 ergaben. Abgesehen davon, daß Mg(OH)$_2$ teurer als Ca(OH)$_2$ ist, hat es bei weitem keine so gute verfestigende Wirkung wie Kalkhydrat. Deshalb wurde es bei den weiteren Versuchen nicht mehr als Zuschlagstoff verwendet.

Versuche mit Ca(OH)$_2$

Während alle bislang besprochenen Zuschlagstoffe die gewünschte Wirkung bei der Brikettierung oder Ofenstandfestigkeit nicht aufwiesen, wurde im Kalkhydrat ein Stoff gefunden, der bei einem genügendem Zusatz zum Erz/Braunkohlengemisch diesen Anforderungen genügt (s.Abschn. 3.40-3.46).
Um feststellen zu können, ob die Festigkeitssteigerung allein durch die Eigenschaften des Ca(OH)$_2$ hervorgerufen wird oder erst auf seine Verbindung mit anderen Stoffen, wie z.B. mit Silikat (Kalzium-Silikatbildung), zurückzuführen ist, wurden in einer weiteren Versuchsreihe Briketts aus Kalkhydrat allein unter den Preßdrücken von 500, 1000, 2000 und 3000 kg/cm^2 hergestellt und deren Druckfestigkeiten im kalten Zustand und nach Erhitzung auf 200, 400, 600, 800, 1000° C ermittelt (s. Abb. 4).

Forschungsberichte des Wirtschafts- und Verkehrsministeriums Nordrhein-Westfalen

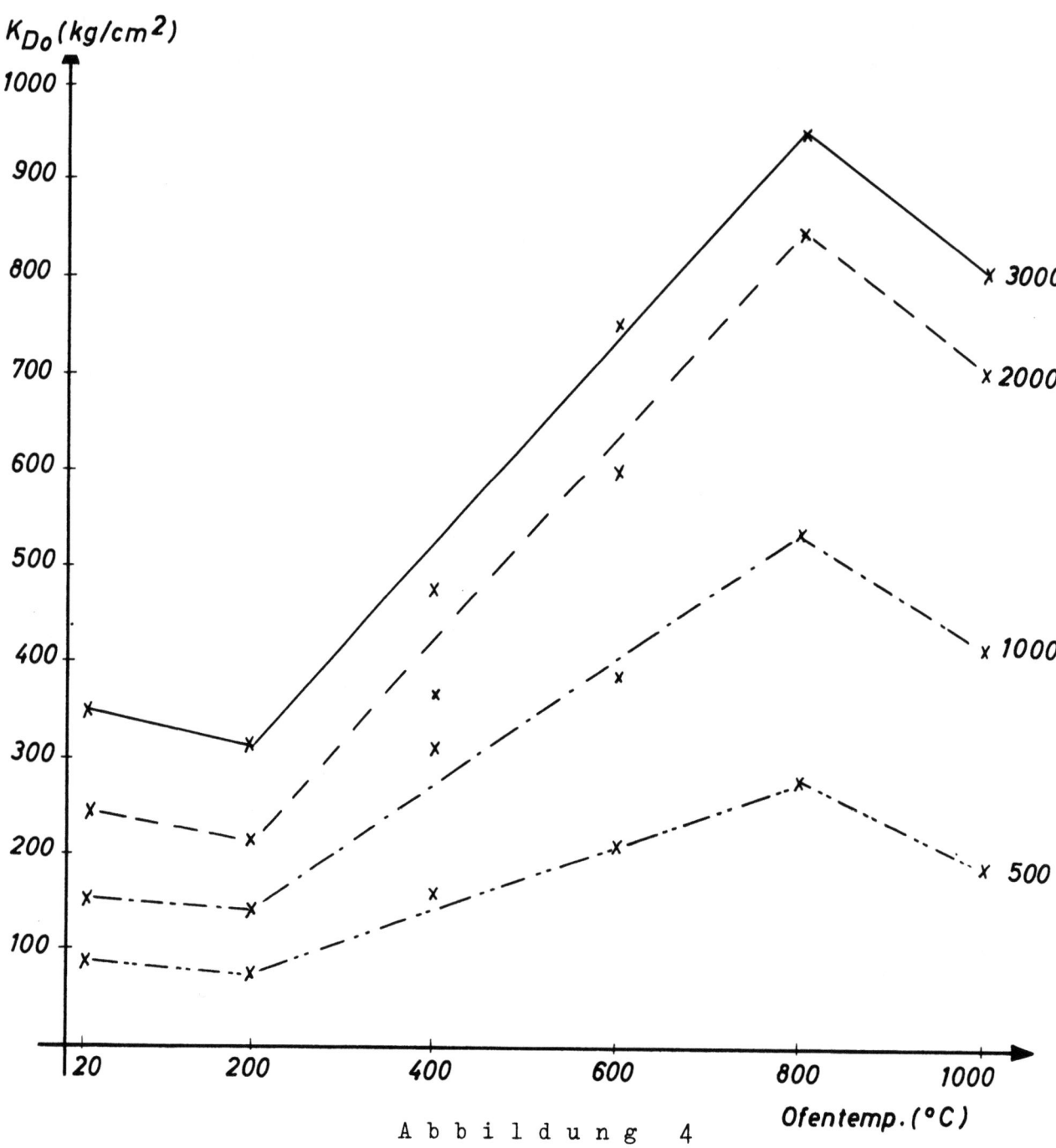

Abbildung 4

Reduzierte Druckfestigkeit von Kalkhydratbriketts in Abhängigkeit von der Ofentemperatur bei Preßdrücken von

——— 3000 (kg/cm^2) —·—·— 1000 (kg/cm^2)
– – – – 2000 (kg/cm^2) —··—·· 500 (kg/cm^2)

Daraus ist zu ersehen, daß die bei allen Preßdrücken hergestellten Kalkhydrat-Briketts zwischen 200 und 800° C eine Festigkeitssteigerung um das Drei- bis Vierfache ihrer Ausgangsfestigkeit aufweisen.

Forschungsberichte des Wirtschafts- und Verkehrsministeriums Nordrhein-Westfalen

Die leichte Festigkeitsminderung zwischen 20 und 200° C ist durch die Abgabe des freien Wassers zu erklären. Bei Temperaturen über 800° C treten wieder Festigkeitsschädigungen auf, welche durch die Versuchsanordnung verursacht werden. Bei diesen Temperaturen sind die Preßlinge von sehr dichter und spröder Beschaffenheit. Auf dem Wege vom Ofen zur Presse und der damit verbundenen Abkühlung erhalten die Briketts durch die Wärmespannungen kleine Haarrisse, welche festigkeitsverringernd wirken. Selbst wenn man diesen Schädigungsgrund vernachlässigt, der im Niederschachtofen nicht eintritt, ist der Festigkeitsverlust so gering, daß die Güte der Preßlinge bei 1000° C noch voll befriedigt.

3.3 Untersuchungen über die Vergleichbarkeit von Laboratoriums- und Betriebspreßbedingungen

Von den verschiedenen in der Praxis eingeführten Pressenbauarten kommen für die bindemittellose Möllerbrikettierung nur die Ringwalzenpresse und die Strangpresse in Betracht. Während die bei normalen Walzenpressen üblichen Preßdrücke nicht ausreichen, um bindemittellos Möllerbriketts zu erzeugen, können die Tisch- oder Spindelpressen aus wirtschaftlichen Gründen keine Berücksichtigung finden. Diese Pressen können nur bei großen Brikettformaten eine genügende Leistung erzeugen, aus verhüttungstechnischen Gründen dürfen die Möllerbriketts aber keine zu großen Abmessungen haben.

Auf Grund der unterschiedlichen Arbeitsweise von Laboratoriumspressen mit geschlossener Form und Strangpressen können die Gütewerte der von beiden hergestellten Briketts nicht ohne weiteres verglichen werden. Um ein Brikett gleicher Festigkeit zu erhalten, muß man in der hydraulischen Presse einen bedeutend größeren Preßdruck aufwenden als in einer Strangpresse. Diese Tatsache ist darin begründet, daß in der Laboratoriumspresse mit geschlossener Form das Brikett nur einmal gepreßt wird, während in der Strangpresse beim Durchgang durch den Formkanal die Briketts mit abnehmendem Druck wiederholt gepreßt werden.

Um festzustellen, inwieweit die Festigkeiten der so unterschiedlich erzeugten Briketts vergleichbar sind, wurden zunächst aus 2 Braunkohlenbrikettfabriken der gleichen Anlage und 10 verschiedenen Brikettsträngen insgesamt 116 Salon- oder F.U.-Briketts entnommen und im Brikettierungslaboratorium einer Druckfestigkeitsprüfung unterzogen.

Forschungsberichte des Wirtschafts- und Verkehrsministeriums Nordrhein-Westfalen

T a b e l l e 6

Gegenüberstellung der Druckfestigkeiten von Betriebs- und Laboratoriumsbriketts

Pressenbauart und Preßdruckhöhe	Auf 45 mm Steinstärke reduzierte Druckfestigkeit (kg/cm^2)	Auf 20 mm Steinstärke reduzierte Druckfestigkeit (kg/cm^2)
Betriebsstrangpresse Salonbriketts schätzungsweise 800 - 1000 kg/cm^2	146,5	220
Betriebsstrangpresse F.U.-Briketts schätzungsweise 800 - 1000 kg/cm^2	145	218
Laboratoriumspresse mit geschlossener Form 3000 kg/cm^2	141	211
Laboratoriumspresse mit geschlossener Form 2000 kg/cm^2	132	198
Laboratoriumspresse mit geschlossener Form 1000 kg/cm^2	76	114

Die Tabelle 6, in welcher die Druckfestigkeitswerte der aus der gleichen Fabriktrockenkohle erzeugten Laboratoriums- und Betriebsbriketts gegenübergestellt sind, läßt erkennen, daß trotz des hohen Preßdruckes die Druckfestigkeitswerte der Laboratoriumsbriketts bei 2000 kg/cm^2 Preßdruck um etwa 10 % und bei 3000 kg/cm^2 um etwa 5 % niedriger als die der Betriebsbriketts liegen. Die mit 1000 kg/cm^2 Preßdruck erlangten Druckfestigkeiten liegen um etwa 50 % unter der Festigkeit der Betriebsbrikette, so daß bei den späteren Versuchen dieser Preßdruck als mit den betrieblichen Verhältnissen nicht mehr vergleichbar, verworfen wurde. Um zu beweisen, daß unter den gegebenen Brikettierungsbedingungen diese Beziehung größenordnungsmäßig auch für die Möllerbriketts gilt, wurden in einer Laboratoriums-Strangpresse parallel zu den Versuchen an der Presse mit ge-

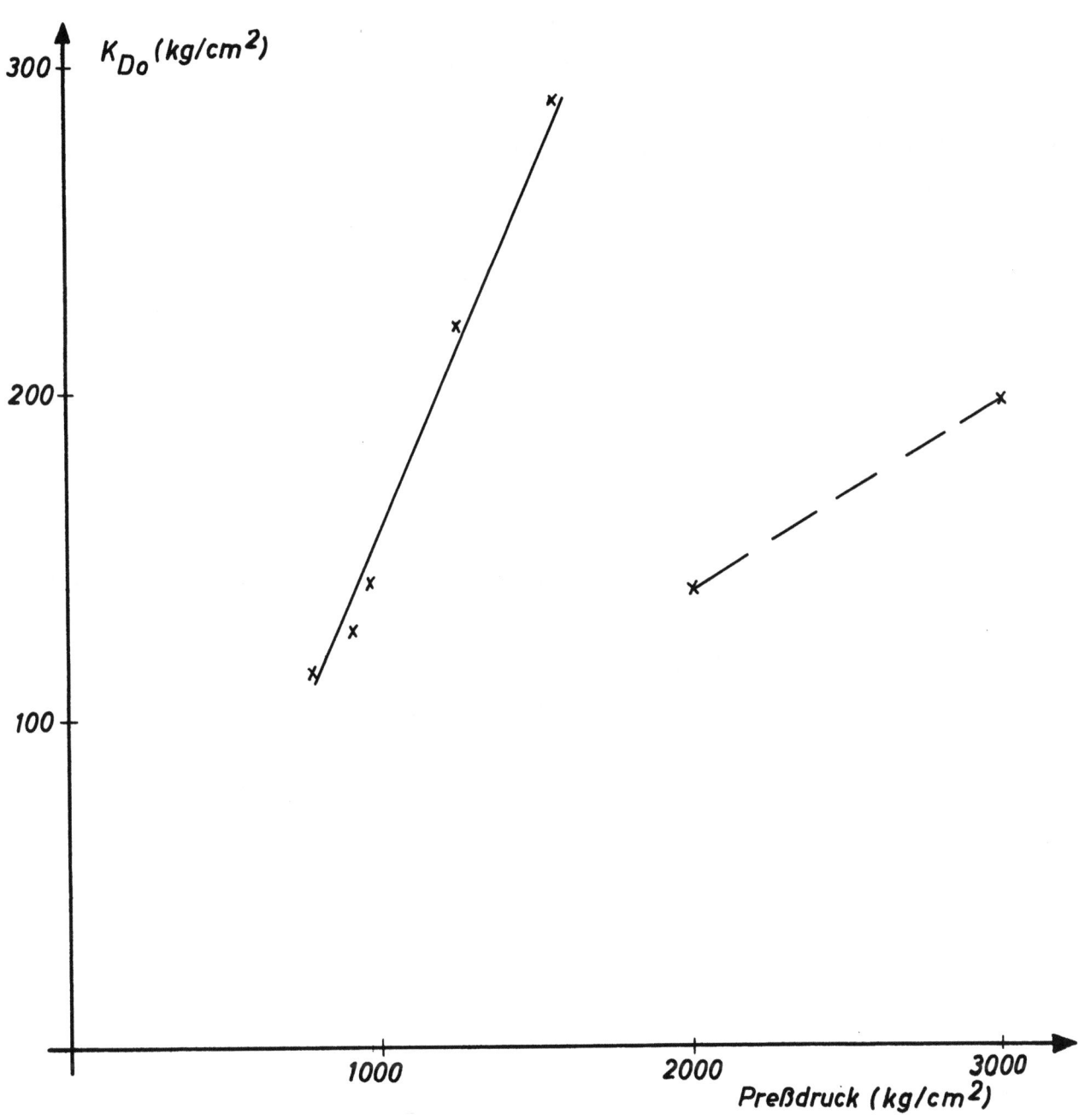

Abbildung 5

Reduzierte Druckfestigkeit in Abhängigkeit von der Preßdruckhöhe

Mischung: Rostspatstaub, Braunkohle, $Ca(OH)_2$

hydraul. Labor.-Presse — — —

Labor.-Strangpresse ———

schlossener Form aus dem gleichen Haufwerk Möllerbriketts (Rostspatstaub, Braunkohle, Kalkhydrat) erzeugt. Dabei wurde der Druck in der Strangpresse in dem maschinentechnisch möglichen Bereich von 780 bis 1570 kg/cm^2 verändert. Aus Abbildung 5, in welcher die reduzierte Druckfestigkeit in Abhängigkeit vom Preßdruck aufgetragen ist, kann man ersehen, daß in der Strangpresse mit 950 kg/cm^2 Preßdruck und 8-maligem Pressen die gleiche Festigkeit der Möllerbriketts wie mit 2000 kg/cm^2 Preßdruck in der Laboratoriumspresse mit geschlossener Form erzielt werden kann. Der Anstieg der Druckfestigkeit mit Erhöhung des Preßdruckes ist in der Strangpresse bedeutend stärker als in der Presse mit geschlossener Form, so daß bei 1250 kg/cm^2 Strangpressen-Preßdruck schon die gleiche Festigkeit wie bei 3000 kg/cm^2 Preßdruck bei geschlossener Form erreicht wird. Aus den oben beschriebenen Vergleichsversuchen ist zu entnehmen, daß die in der Laboratoriumspresse unter 2000 oder 3000 kg/cm^2 Preßdruck erzeugten Briketts in bezug auf Festigkeit und Verdichtung mit Strangpressenbriketts vergleichbar sind.

Damit sind die Laboratoriumsbriketts aber auch mit den Ringwalzenbriketts vergleichbar, die mit etwa 1800 bis 2300 kg/cm^2 Preßdruck unter einmaliger Pressung erzeugt werden. Denn erfahrungsgemäß sind die Ringwalzenbriketts gütemäßig gleich gut wie die Strangpressenbriketts.

3.4 Brikettierfähigkeit und Ofenstandfestigkeit von Möllerbriketts aus Braunkohle, Kalkhydrat und verschiedenen Erzen

Im folgenden werden die Untersuchungen beschrieben, die auf Grund der in den vorhergehenden Abschnitten gewonnenen Erfahrungen oder der dargelegten wirtschaftlichen oder technischen Erfordernisse mit den verschiedenen Erzen durchgeführt wurden. Die Briketts wurden aus einer möllergerechten Mischung (s. Tab. 5) hergestellt, die neben den verschiedenen Erzen immer Braunkohle von 8 % Wassergehalt und Kalkhydrat enthielten. Nach Angaben der Demag-Humboldt-Niederschachtofen GmbH. ist die Ofenstandfestigkeit von Möllerbriketts als ausreichend anzusehen, wenn die Preßlinge nach der Erhitzung auf 800° C noch eine Druckfestigkeit von 35 - 50 kg/cm^2 aufweisen. Für die Kaltdruckfestigkeit gilt etwa 100 kg/cm^2 als genügend.

3.40 Versuche unter Verwendung von Rohspatschlamm

In möllergerechter Mischung wurden je 29 g Rohspatschlamm, 16 g Braunkohle und 15 g Kalkhydrat zu Möllerbriketts unter den Preßdrücken von 2000 und 3000 kg/cm^2 hergestellt. Jeweils 5 Preßlinge wurden auch im Muffelofen (s.Abschn. 2.22) auf 200, 400, 600, 800° C erhitzt und einer

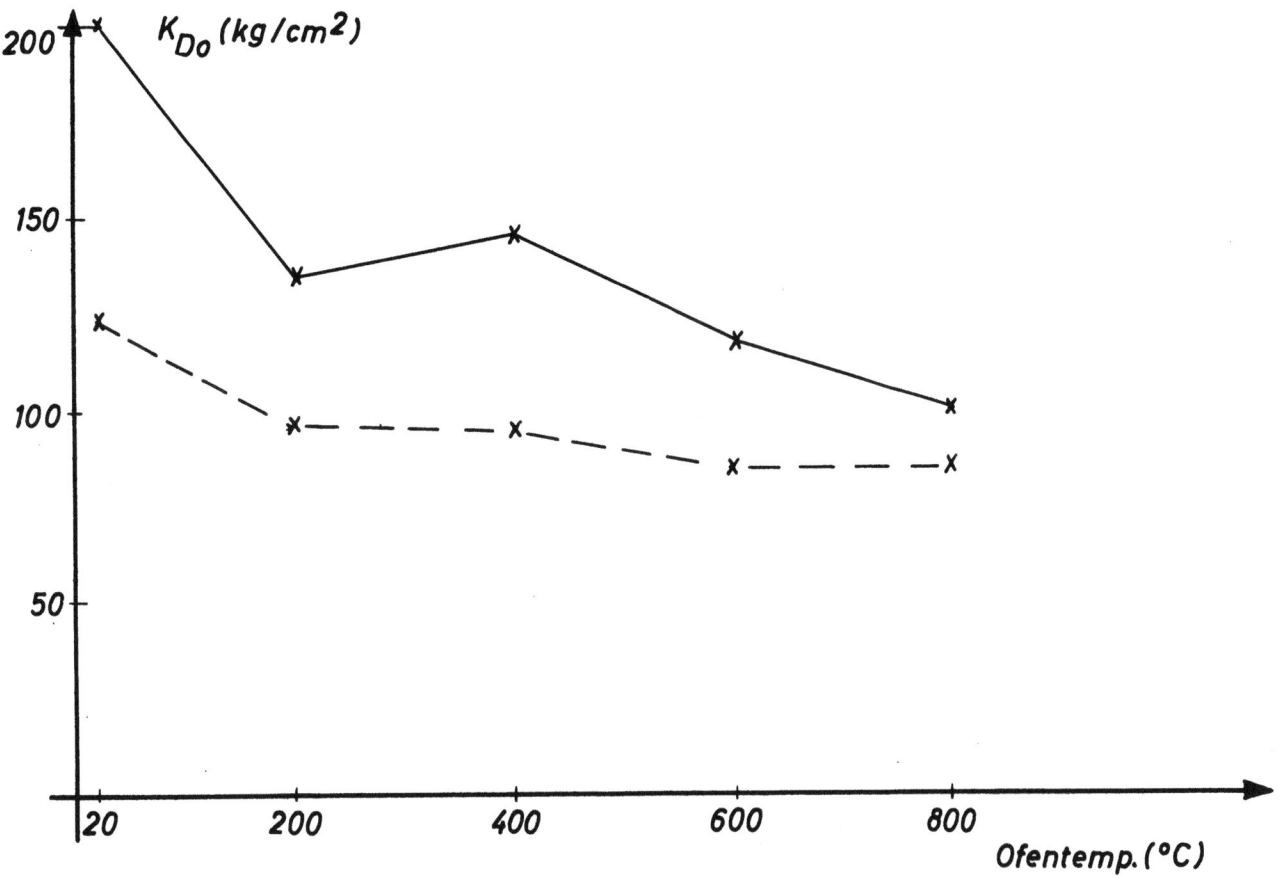

Abbildung 6

Reduzierte Druckfestigkeit in Abhängigkeit von der
Ofentemperatur bei Preßdrücken von

2000 kg/cm² ---- 3000 kg/cm² ———

Lagerzeit: 20 Min.

Mischung: Rohspatschlamm, Braunkohle, $Ca(OH)_2$

anschließenden Warmdruckfestigkeitsprüfung unterzogen. Die gleichen Versuche wurden nach einer Lagerzeit von 20 Minuten sowie 24 und 48 Stunden durchgeführt. Die Versuchsergebnisse sind in Abbildung 6 niedergelegt.
In Abbildung 6 ist die reduzierte Druckfestigkeit der Möllerbriketts in Abhängigkeit von der Ofentemperatur bei den Preßdrücken von 2000 und 3000 kg/cm² aufgetragen, die nach 20 Minuten Lagerung im kalten Zustand ermittelt wurden. Aus diesem Diagramm ist zu entnehmen, daß die unter 3000 kg/cm² Preßdruck hergestellten Möllerbriketts bei allen Prüftemperaturen eine höhere Festigkeit aufweisen, als die unter 2000 kg/cm² erzeugten Preßlinge. Doch besteht, abgesehen von einigen Streuwerten, die all-

gemeine Tendenz, daß die durch die Preßdruckerhöhung von 2000 auf 3000 kg/cm^2 erreichte Druckfestigkeitssteigerung mit Erhöhung der Ofentemperatur laufend abnimmt.

Auffallend ist die starke Festigkeitsminderung bei den unter 3000 kg/cm^2 Preßdruck hergestellten Möllerbriketts im Bereich von 20 bis 200° C Prüftemperatur. Bei ihnen wirkt, weil die Preßlinge eine stärkere Verdichtung haben, die Wasserdampfabgabe stärker schädigend als bei den unter 2000 kg/cm^2 erzeugten Briketts, wo das Wasser in größerem Ausmaß Platz zum Entweichen findet, ohne das Gefüge des Preßlings zu zerstören.

Die oben beschriebene Abnahme der durch die Preßdruckerhöhung bewirkten Festigkeitssteigerung findet man mit geringen Abweichungen auch bei den Briketts, die nach 24 und 48 Std. Lagerzeit geprüft wurden.

Die nach 24 und 48 Stunden Lagerzeit ermittelten Kalt- und Warmdruckfestigkeiten der unter 2000 und 3000 kg/cm^2 Preßdruck hergestellten Möllerbriketts weichen von den Werten der Sofortprüfung (20 Minuten Lagerzeit) zum Teil bedeutend ab. Die Kaltdruckfestigkeit und die Warmdruckfestigkeiten bis 200° C und im Ausnahmefall bis 400° C werden durch die Lagerzeit zunehmend bis zu maximal 30 % erniedrigt. Der Kaltdruckfestigkeitsabfall ist dadurch zu erklären, daß der Wassergehalt des Braunkohlenanteils unterhalb des hygroskopischen Punktes liegt und deshalb die Briketts während der Lagerung noch Wasser aufnehmen, was mit einer Quellung und damit Festigkeitsminderung verbunden ist. Oberhalb von 200 bis 400° C übersteigen die Festigkeiten der gelagerten Briketts die Gütewerte der nach 20 Minuten geprüften Briketts um maximal 20 %.

Dieses Verhalten ist auf Grund der hier durchgeführten Versuche nicht ohne weiteres zu erklären und muß auf die Veränderung einzelner oder mehrere Mischungsbestandteile während der Lagerung zurückgeführt werden. Beachtenswert aber ist, daß diese Einflüsse erst bei höheren Temperaturen zur Geltung kommen.

Allgemein kann gesagt werden, daß die Möllerbriketts aus Rohspatschlamm, Braunkohle und Kalkhydrat sowohl bei 2000 als auch bei 3000 kg/cm^2 Preßdruck in allen Temperaturbereichen eine genügende Kaltdruck- oder Ofenstandfestigkeit aufweisen, um als Einsatzgut in einen Niederschachtofen verwandt werden zu können.

Forschungsberichte des Wirtschafts- und Verkehrsministeriums Nordrhein-Westfalen

3.41 Versuche unter Verwendung von Feinrohspat

Mit dem Feinrohspat wurde das grobkörnigste der verwendeten Erze zur Möllerbrikettierung herangezogen. Außerdem war es das Erz mit dem geringsten SiO_2-Gehalt von nur 3,28 %, so daß im Brikett der Kalkhydratanteil mit 5 % = 3 g äußerst gering war. An Braunkohle enthielt die Mischung 22 g und an Feinrohspat 35 g.

Wie aus Abbildung 7 zu ersehen, ist die Kaltdruckfestigkeit sowohl der unter 2000 als auch unter 3000 kg/cm^2 Preßdruck hergestellten Briketts mit 158 bzw. 196 kg/cm^2 gut. Dies war auch wegen des hohen Braunkohlenanteiles zu erwarten. Die Warmdruckfestigkeiten fallen aber bis 200 und 400° C sehr stark ab, was durch die große Braunkohlenzugabe (vgl. Abschn. 3.52) bei gleichzeitiger geringer Kalziumhydratzugabe (vgl. Abschn. 3.53) zu erklären ist. Die verhältnismäßig große Wasserdampfentwicklung und Gasabgabe in diesem Temperaturbereich schädigt das Brikettgefüge sehr stark. Obwohl oberhalb von 200° C eine Verfestigung des Kalkhydrates eintritt, ist dieser auf Grund seines geringen prozentualen Anteiles nicht imstande, ein genügend starkes Gerüst zu bilden und damit die Festigkeit der Briketts zu erhalten. Bei diesen Möllerbriketts ist der Unterschied der Warmdruckfestigkeit zwischen Briketts, die mit verschiedenen Preßdrücken erzeugt wurden, sehr gering, und die unter 3000 kg/cm^2 hergestellten Preßlinge liegen bei 200 und 400° C sogar um 6 bis 7 kg/cm^2 tiefer als die mit 2000 kg/cm^2 gepreßten. Die Festigkeitsschädigung durch Wasserabgabe und Entgasung ist also bei den unter 3000 kg/cm^2 erhaltenen Briketts größer als bei den weniger stark verdichteten, wo der Wasserdampf und das Gas eher einen freien Weg nach außen finden. Sowohl bei 2000 kg/cm^2 Preßdruck (Abb. 8) als auch bei 3000 kg/cm^2 (s. Abb. 9) bewirkt eine 24-stündige Lagerzeit eine bessere Ofenstandfestigkeit der Möllerbriketts. Die Warmdruckfestigkeiten, die nach 48 Stunden Lagerzeit bei 600 und 800° C gemessen wurden, liegen zwar noch höher als die Werte der sofort geprüften Briketts, weisen aber im Vergleich zu den nach 24 Stunden gemessenen Druckfestigkeiten bereits wieder eine Minderung auf. Während die unter 2000 kg/cm^2 Preßdruck erzeugten Möllerbriketts unterhalb von 600° C Ofentemperatur durch die Lagerung verminderte Druckfestigkeiten aufweisen (s. Abb. 8) sind bei 3000 kg/cm^2 Preßdruck in allen Temperaturbereichen die Festigkeiten durch die Lagerung gegenüber der Sofortprüfung gestiegen.

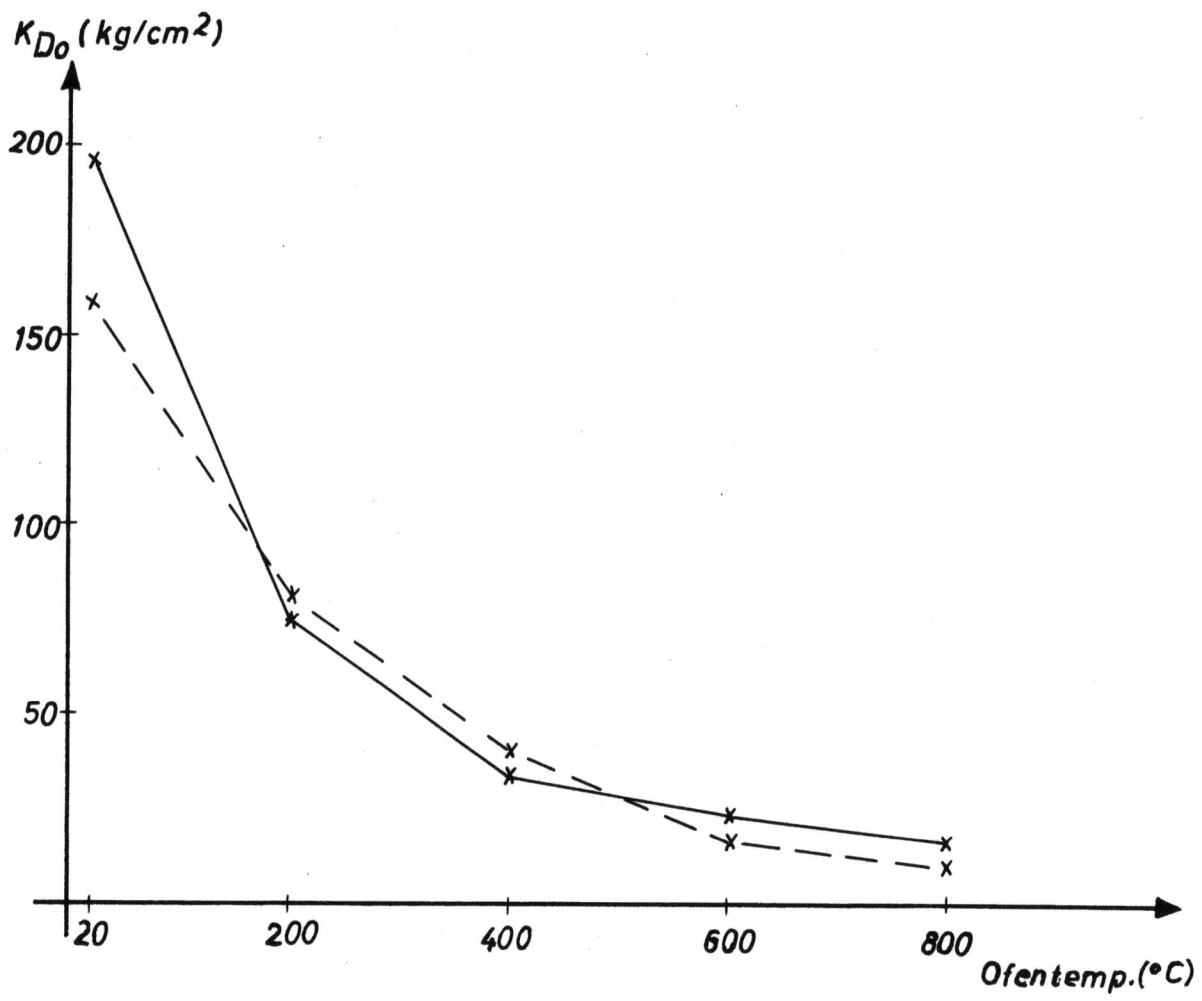

Abbildung 7

Reduzierte Druckfestigkeit in Abhängigkeit von der
Ofentemperatur bei Preßdrücken von

--- 2000 kg/cm^2 ——— 3000 kg/cm^2

Lagerzeit: 20 Min.

Mischung: Feinrohspat, Braunkohle, Ca(OH)$_2$

Durch die lagerungsbedingte Steigerung der Festigkeit kommen diese Möllerbriketts, zumindest die, welche über 3000 kg/cm^2 Preßdruck erzeugt wurden, knapp in einen Festigkeitsbereich (35 - 50 kg/cm^2), welcher als Mindestanforderung für die Schwelverhüttung anzusehen ist. Ob mit dem Feinrohspat unter anderen Bedingungen Briketts mit besserer Ofenstandfestigkeit zu erhalten sind, sollen Versuche ergeben, die unter Veränderung der Erzkorngröße (s. Abschn. 3.54) oder Beimischung von anderen Erzen (s. Abschn. 3.63) durchgeführt wurden.

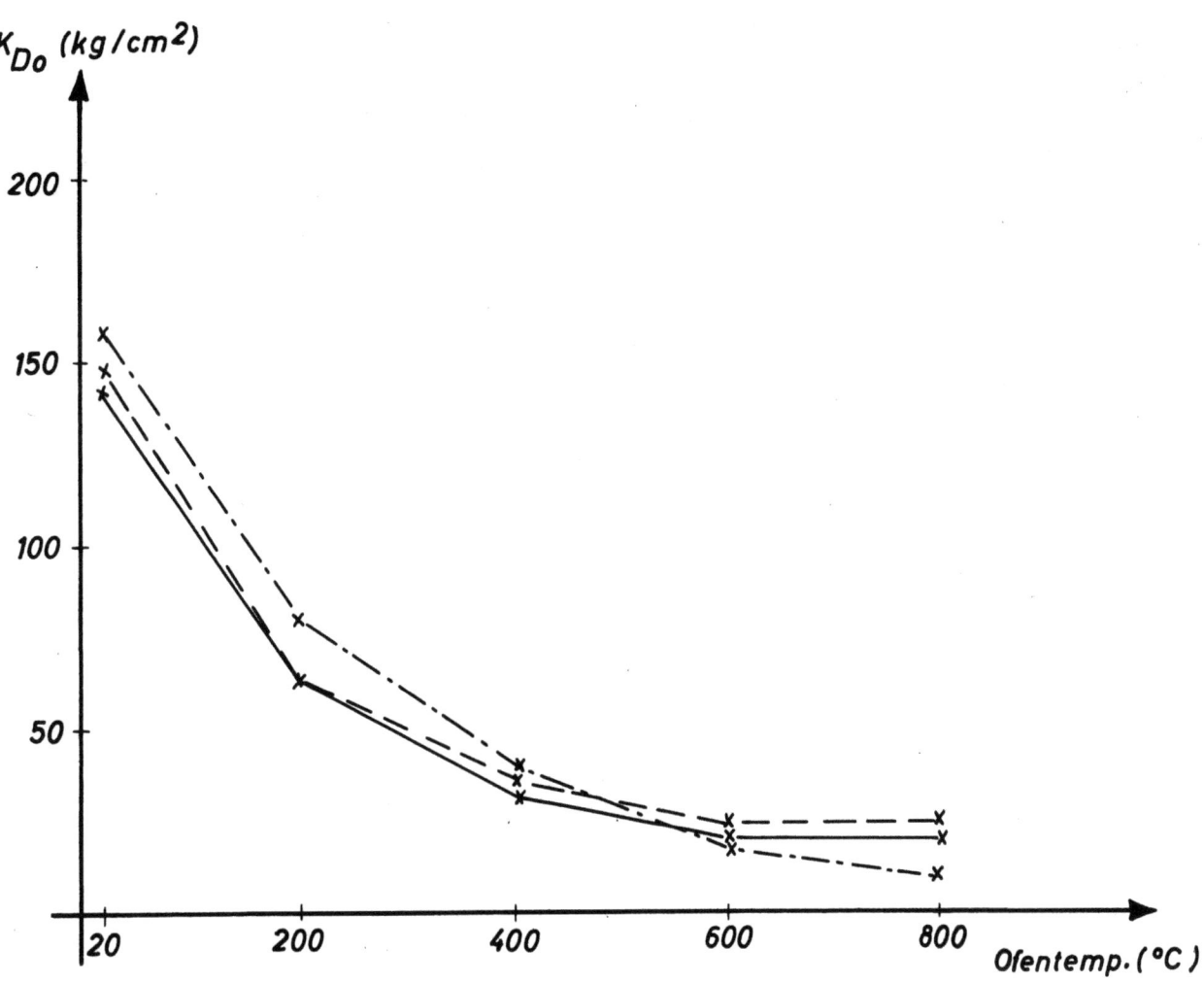

Abbildung 8

Reduzierte Druckfestigkeit in Abhängigkeit von der
Ofentemperatur nach Lagerzeiten v.

—·—·—·— 20 Min. — — — 24 Std. ——— 48 Std.

Preßdruck: 2000 kg/cm^2

Mischung: Feinrohspat, Braunkohle, Ca(OH)$_2$

3.42 Versuche unter Verwendung von Rostspatstaub

Als weiteres Erz wurde ein Rostspatstaub für die Untersuchungen herangezogen. Es war das feinstkörnigste der bei den Versuchen benutzten Erze und hatte 100 % unter 0,1 mm und 85 % unter 60 μ. Durch die Röstung war der Metallgehalt (Fe + Mn) auf 53 % gesteigert, so daß der notwendige Braunkohlenanteil im Möllerbrikett mit 21 g bei 27 g Rostspatstaub verhältnismäßig groß war. Aber auch der SiO$_2$-Gehalt des Erzes lag mit etwa

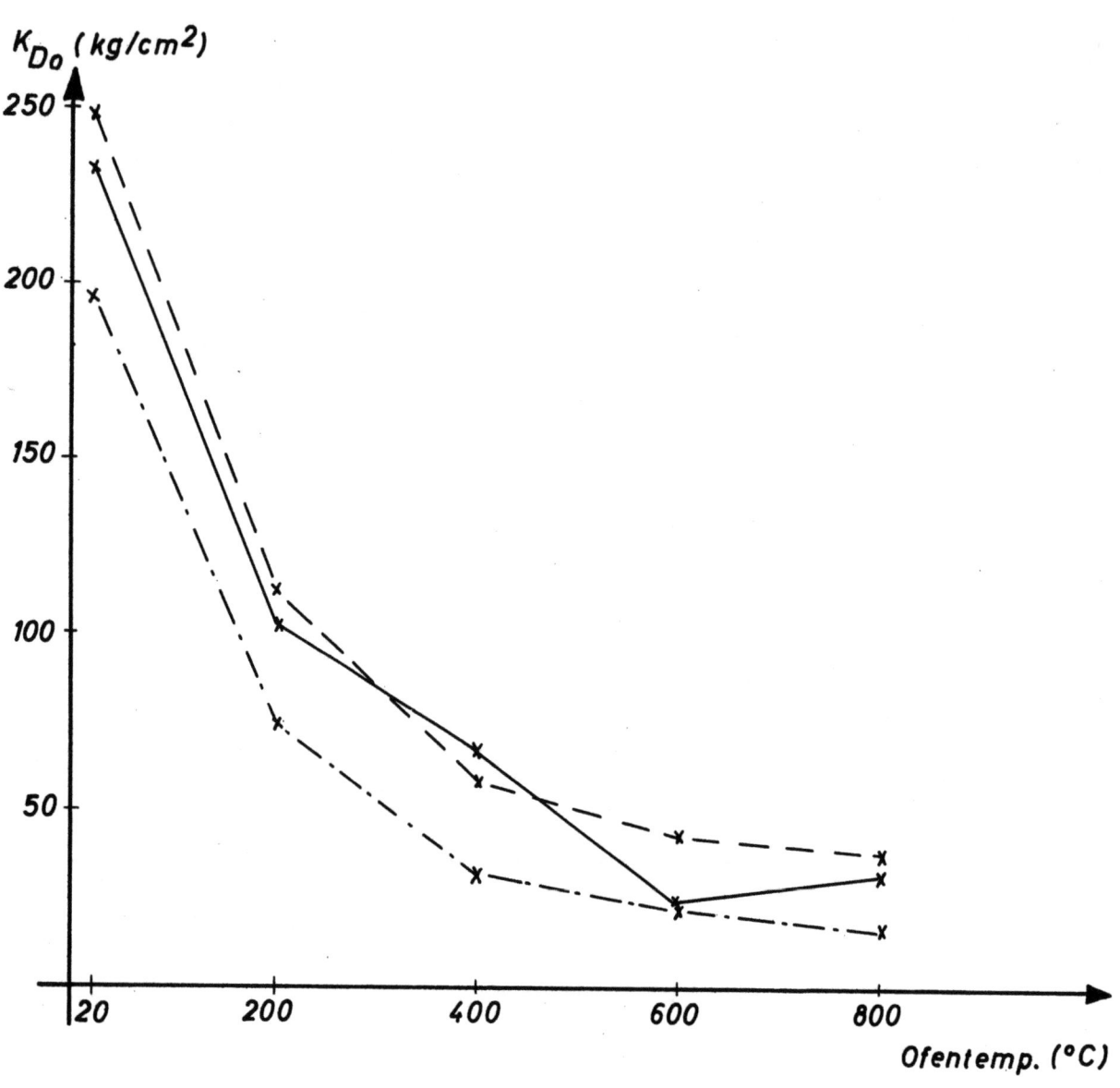

Abbildung 9

Reduzierte Druckfestigkeit in Abhängigkeit von der
Ofentemperatur nach Lagerzeiten von

—·—·— 20 Min. ——— 24 Std. ——— 48 Std.

Preßdruck: 3000 kg/cm^2,

Mischung: Feinrohspat, Braunkohle, Ca(OH)$_2$

13,4 % sehr hoch, so daß die entsprechende Zuschlagmenge mit 12 g Kalkhydrat ein genügendes Gerüst und damit eine ausreichende Warmdruckfestigkeit trotz des hohen Braunkohlenzusatzes erwarten ließ.

Die unter 2000 und 3000 kg/cm^2 Preßdruck hergestellten Möllerbriketts wurden nach 20 Minuten sowie nach 24 und 48 Stunden Lagerzeit geprüft.

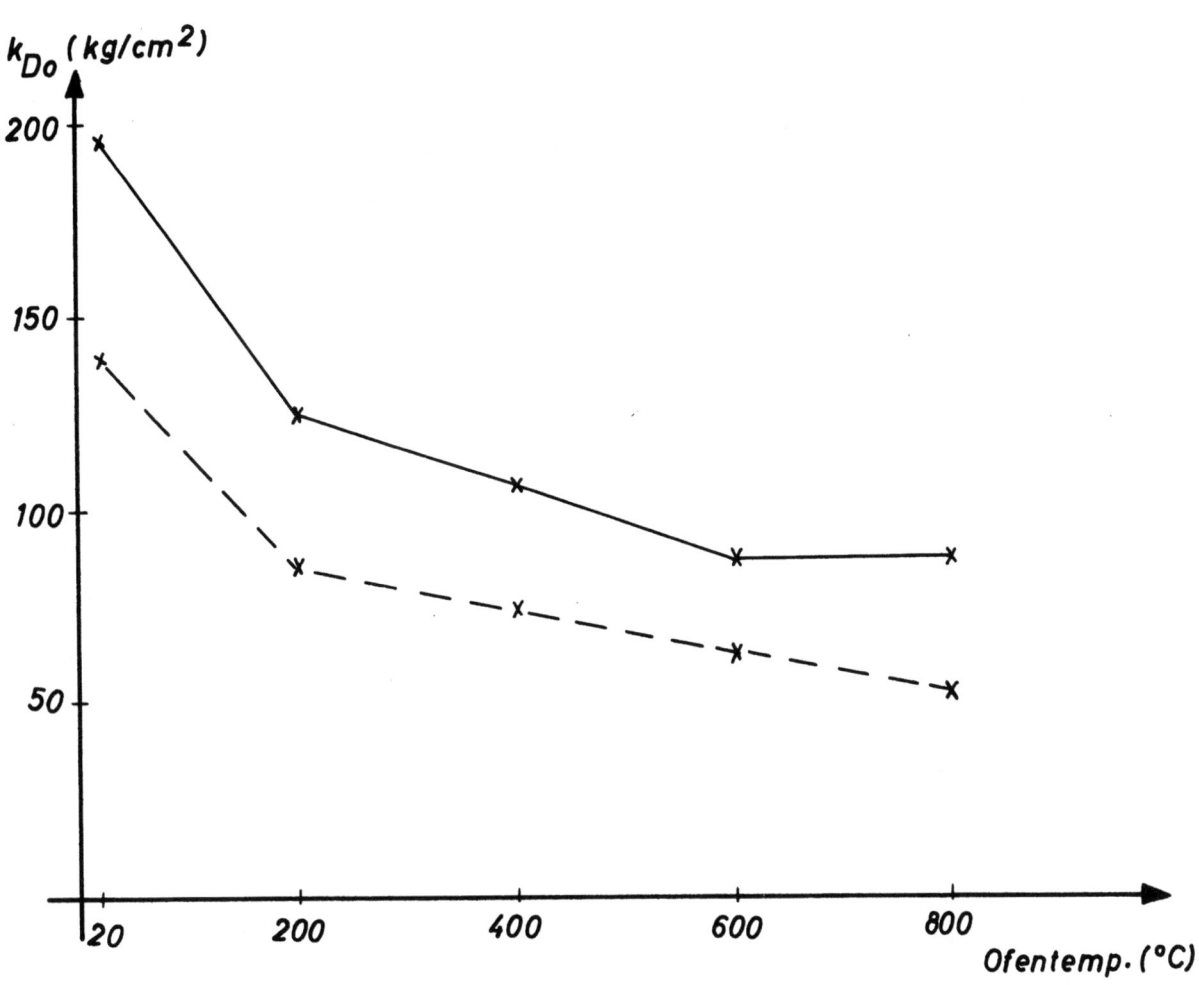

A b b i l d u n g   10

Reduzierte Druckfestigkeit in Abhängigkeit von der
Ofentemperatur bei Preßdrücken von
— — — 2000 kg/cm² ——— 3000 kg/cm²
Lagerzeit: 20 Min.
Mischung: Röstspatstaub, Braunkohle, Ca(OH)$_2$

In Abbildung 10 sind die Gütewerte der unter 2000 und 3000 kg/cm² hergestellten Möllerbriketts, die nach 20 Min. Lagerzeit geprüft wurden, in Abhängigkeit von der Ofentemperatur aufgezeichnet. Auch bei ihnen nimmt die Festigkeit mit Erhöhung der Ofentemperatur ab, wobei die stärkste Festigkeitsminderung im Temperaturbereich bis 200° C auftritt.

Die absolute Druckfestigkeitssteigerung durch die Preßdruckerhöhung von 2000 auf 3000 kg/cm² ist bei der Kaltdruckfestigkeit am höchsten, fällt bis 400 bzw. 600° C ab, um sich dann zur Endtemperatur von 800° C leicht zu erhöhen. Die Druckfestigkeitserhöhungen der Briketts, die nach verschiedenen Lagerzeiten geprüft wurden, sind einander ähnlich mit der Ausnahme, daß die Briketts, die nach 24 Stunden geprüft wurden, eine sehr große Erhöhung ihrer Kaltdruckfestigkeit aufweisen. Diese ist durch eine Wasseraufnahme des unterhalb des hygroskopischen Punktes, welcher bei etwa 15 % Wassergehalt liegt, getrockneten Braunkohlenanteils zu erklären. Diese Festigkeitszunahme wird aber nach längerer Lagerzeit wieder aufgehoben, weil dann die Quellung durch die aufgenommene Wassermenge die Festigkeit der Möllerbriketts schädigt.

Abgesehen von der bereits erwähnten Erhöhung der Anfangsfestigkeit von Briketts, die nach 24 Stunden Lagerzeit geprüft wurden, kann keine eindeutige Abhängigkeit von der Lagerzeit ermittelt werden, vielmehr streuen die Werte untereinander. Eine bis zweitägige Lagerung schadet also den auf diese Weise erzeugten Möllerbriketts nicht. Die absoluten Werte der Kalt- und Warmdruckfestigkeiten liegen auch bei diesen Briketts so hoch, daß ihre Einsatzmöglichkeit im Niederschachtofen gegeben ist.

3.43 Versuche unter Verwendung von Magnetitschlich

Der vorliegende Magnetitschlich in der Korngröße von 100 % kleiner als 0,25 mm und 71 % $< 60\,\mu$ hat mit 60,8 % Fe einen sehr hohen Metallgehalt; er erfordert zur Verhüttung einen großen Braunkohlenanteil. Der prozentuale Silikatanteil von 7,8 % erlaubt zwar eine große Kalkhydratzugabe, doch ist diese unter Berücksichtigung der großen Braunkohlenmenge, 25 g von 60 g Gesamteinwaage, mit 6 g im Verhältnis zu den Möllerbriketts aus Rostspatstaub oder Rohspatschlamm noch gering und läßt bei hohen Temperaturen keine starke Gerüstbildung zu. In Abbildung 11 sind die nach 20 Minuten Lagerzeit bei den üblichen Prüftemperaturen erhaltenen Druckfestigkeiten der Möllerbriketts, die unter 2000 und 3000 kg/cm^2 Preßdruck erzeugt wurden, eingezeichnet.

Kaltdruckfestigkeiten sind mit 100 bzw. 150 kg/cm^2 zwar nicht sehr hoch, aber für die zu erwartende Beanspruchung bei weitem ausreichend.

Auch bei diesen Möllerbriketts nimmt die durch die Preßdruckerhöhung erlangte Steigerung der Druckfestigkeit mit Erhöhung der Prüftemperatur laufend ab und ist bei 800°C sogar vollkommen aufgehoben, so daß die Ofenstandfestigkeiten bei 800° C der mit 2000 kg/cm^2 Preßdruck erzeugten Briketts über denen liegen, die unter 3000 kg/cm^2 Preßdruck hergestellt wur-

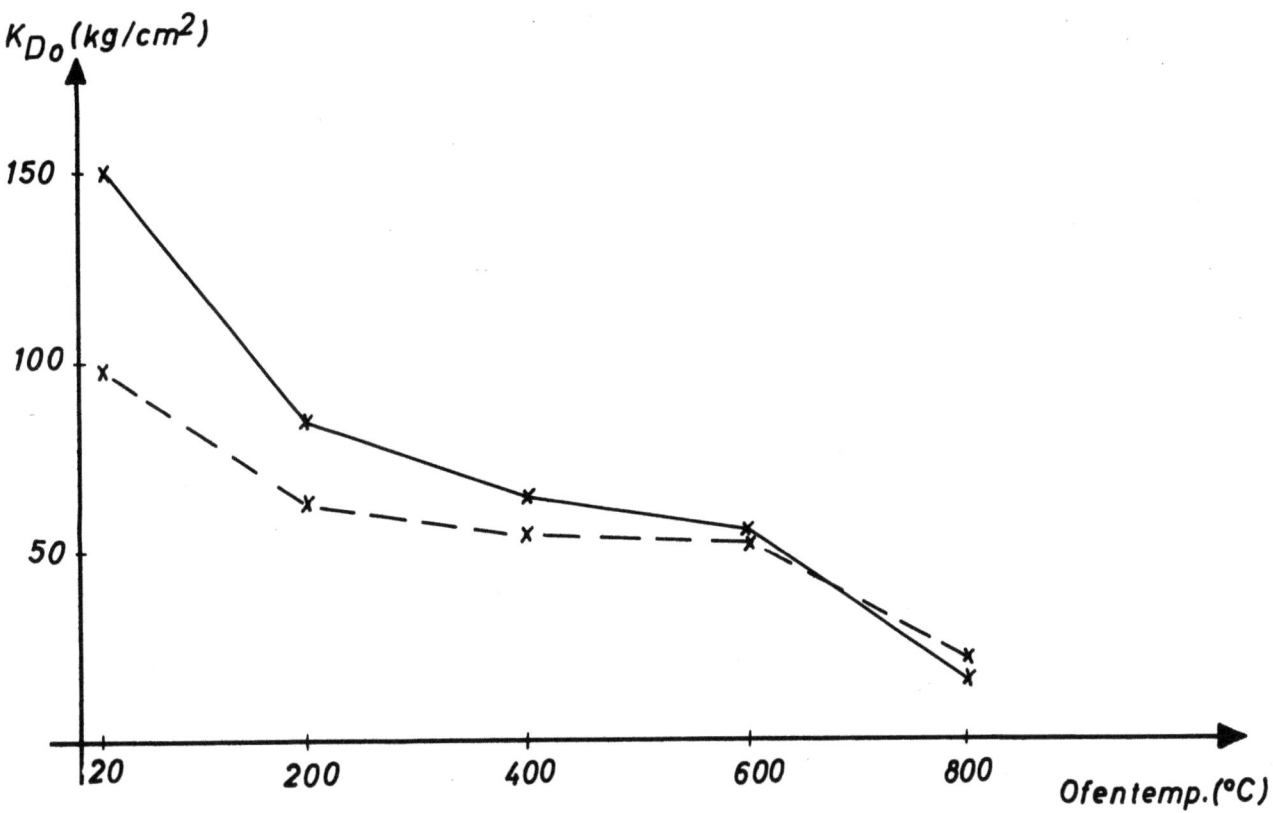

Abbildung 11

Reduzierte Druckfestigkeit in Abhängigkeit von der
Ofentemperatur bei Preßdrücken von
------ 2000 kg/cm² ———— 3000 kg/cm²
Lagerzeit: 20 Min.
Mischung: Magnetitschlich, Braunkohle, $Ca(OH)_2$

den. Die nach verschiedenen Lagerzeiten ermittelten Kalt- bzw. Warmdruckfestigkeiten für 2000 kg/cm² (Abb. 12) und 3000 kg/cm² Preßdruck (Abb. 13) lassen erkennen, daß die Warmdruckfestigkeiten vor allem bei höheren Temperaturen (400 - 800° C) durch die Lagerung eine z.T. recht bedeutende Schädigung erfahren. Vor allem aber fallen die Druckfestigkeiten bei der Erhitzung fast stetig auf so niedrige Werte herab, daß die Einsatzmöglichkeit dieser Briketts nicht mehr gewährleistet ist. Eine Verringerung des Festigkeitsabfalles oder sogar eine Wiederverfestigung nach der Trocknungs- und Entgasungsperiode tritt bei Möllerbriketts unter Verwendung von Magnetitschlich nicht ein. Dies ist folgendermaßen zu erklären [16]:

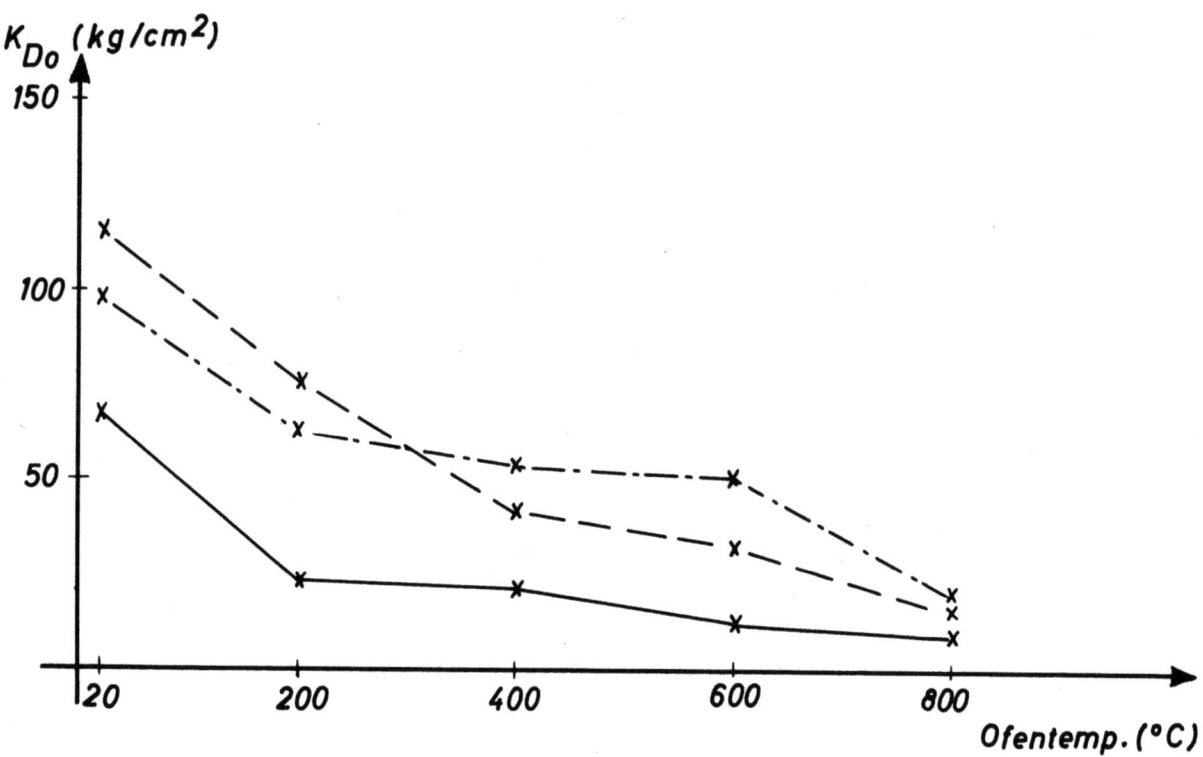

A b b i l d u n g   12
Reduzierte Druckfestigkeit in Abhängigkeit von der
Ofentemperatur nach Lagerzeiten von
—··—··— 20 Min. — — — 24 Std. ——————— 48 Std.
Preßdruck: 2000 kg/cm^2
Mischung: Magnetitschlich, Braunkohle, $Ca(OH)_2$

Während zwischen Fe_2O_3 und CaO oder Fe_2O_3 und SiO_2 bereits bei Temperaturen von etwa 500 bzw. 400° C eine Kalkferrit- oder Eisensilikatbildung einsetzt, braucht ein chemisch homogeneres Gut, wie es z.B. der Magnetitschlich darstellt, dazu bedeutend höhere Temperaturen. Die durch die Erhitzung bedingte Festigkeitsschädigung (z.B. durch Wärmespannungen) wird also im untersuchten Temperaturbereich nicht durch Frittungsvorgänge aufgehoben, wie es bei chemisch inhomogenen Erzen der Fall ist. Um also stückige Möllerbriketts mit Magnetitschlich für den Niederschachtofen zu erhalten ist es notwendig, Magnetitschlich in Mischung mit anderen Erzen zu verhütten, oder aber die Kalk- und Silikatanteile zu erhöhen, so daß die Festigkeit bei höheren Temperaturen durch ein Kalkhydratgerüst erhalten bleibt. Beide Wege sind aber als verhüttungstechnisch und wirtschaftlich ungünstig anzusehen.

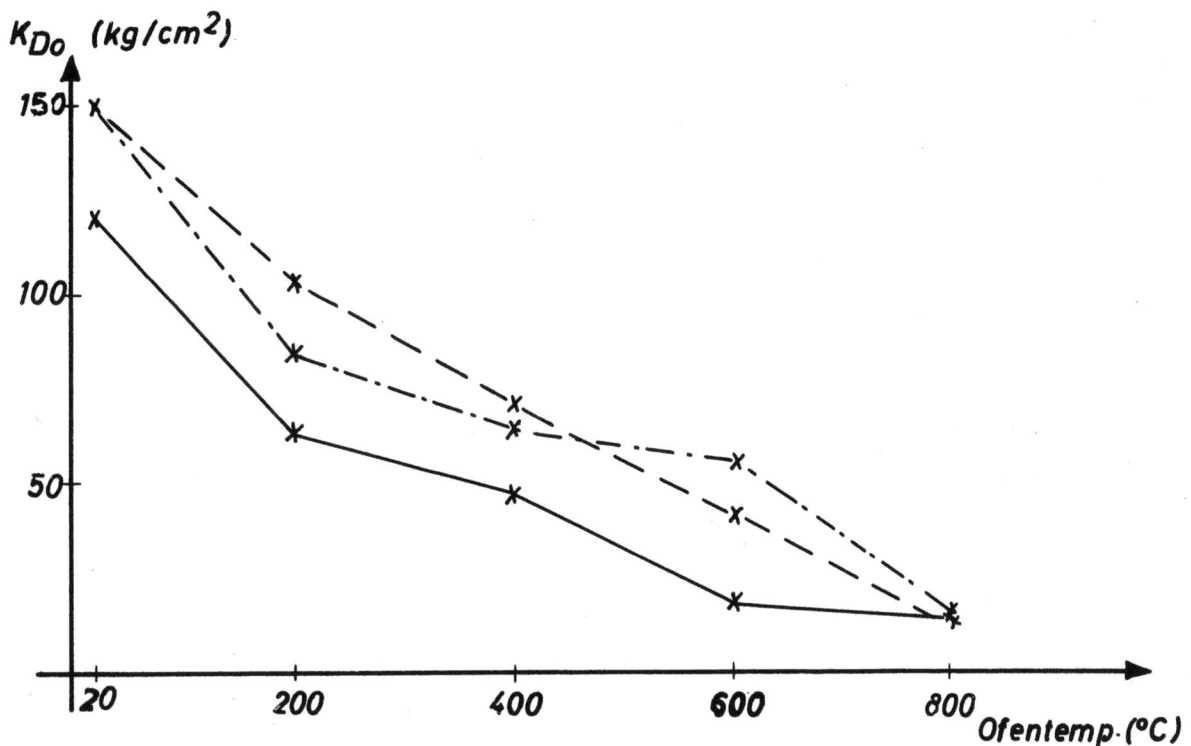

Abbildung 13

Reduzierte Druckfestigkeit in Abhängigkeit von der
Ofentemperatur nach Lagerzeiten von

—·—·—20 Min. ——— 24 Std. ——————— 48 Std.

Preßdruck: 3000 kg/cm^2

Mischung: Magnetitschlich, Braunkohle, $Ca(OH)_2$

3.44 Versuche unter Verwendung von Doggererz

Das Doggererz enthält von allen verwendeten Erzen mit 24 % den größten Kalkanteil bei einem SiO_2-Gehalt von 9 - 10 %. Die zur Erreichung des Basengrades in der Schlacke noch notwendige Zugabe von 3 g = 5 % $Ca(OH)_2$ war also äußerst gering. Außerdem ist im Doggererz noch etwa 10 % chemisch gebundenes Wasser enthalten. Beide Tatsachen ließen die Versuche mit Möllerbriketts unter Zugabe dieses stark kalkhaltigen Erzes nicht sehr aussichtsreich erscheinen. In Abbildung 14 sind die Druckfestigkeiten dieser Möllerbriketts, die unter 2000 und 3000 kg/cm^2 Preßdruck erzeugt wurden, in Abhängigkeit von der Prüftemperatur aufgetragen. Nur die unter 3000 kg/cm^2 hergestellten Preßlinge weisen auch noch bei 800° C mit 40 kg/cm^2 eine genügende Ofenstandfestigkeit auf. Auch nach verschiedenen Lagerzei-

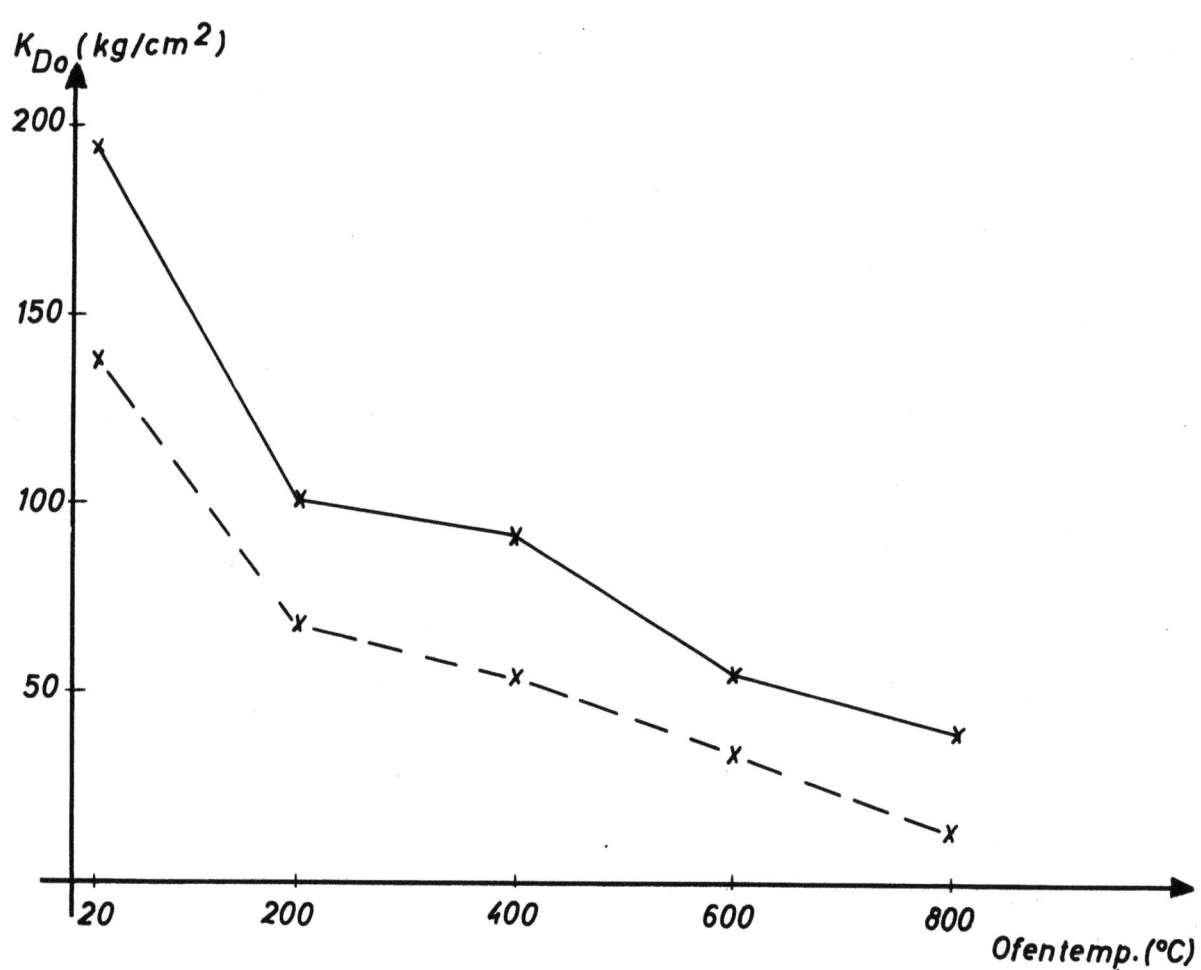

Abbildung 14

Reduzierte Druckfestigkeit in Abhängigkeit von der
Ofentemperatur bei Preßdrücken von
— — — 2000 kg/cm^2 ——— 3000 kg/cm^2
Lagerzeit: 20 Min.
Mischung: Doggererz, Braunkohle, $Ca(OH)_2$

ten zeigt die Druckfestigkeitserhöhung durch Steigerung des Preßdruckes von 2000 auf 3000 kg/cm^2 in Abhängigkeit von der Prüftemperatur keine klare Tendenz, wie sie bei anderen Erzen ermittelt wurde. Es bleibt aber auch hier die Tatsache bestehen, daß durch die Lagerung das Ausmaß der Steigerung der Druckfestigkeit verringert wird.

Bei 2000 bzw. 3000 kg/cm^2 Preßdruck nehmen sowohl die Kalt- als auch die Warmdruckfestigkeiten der Möllerbriketts bei der Lagerung ab. Während die Kaltdruckfestigkeiten bei beiden Preßdrücken auch nach 24- oder 48-stündiger Lagerung den Anforderungen noch genügen, sind die Warmdruckfestigkeiten bei 2000 kg/cm² Preßdruck ab 600° und bei 3000 kg/cm² bei 800° C nicht mehr ausreichend. Nur bei 3000 kg/cm² Preßdruck und sofortiger Erhitzung ergeben sich Gütewerte, welche den Anforderungen des Niederschachtofens genügen würden.

Auch für dieses Erz ist eine Verwendung in Mischung mit einem kieselsäurereicheren Erz zu empfehlen. Diesbezügliche Versuche sind im Abschnitt 3.61 und 3.62 beschrieben.

3.45 Versuche unter Verwendung von Rotschlamm

Mit dem Rotschlamm, der etwa 40 % Fe-Gehalt hatte, lag ein Erz vor, das bislang trotz des verhältnismäßig hohen Eisengehaltes und SiO_2-Anteiles von nur 9 % noch keine großtechnische Nutzung gefunden hat, obwohl es als Abfallprodukt der Aluminiumindustrie zu Millionen von Tonnen vielerorts auf Halde liegt. Der Rotschlamm enthält noch 11 % freies Wasser. Er wurde zunächst im angelieferten Zustand und anschließend getrocknet verpreßt. In Abbildung 15 sind die bei 2000 und 3000 kg/cm² Preßdruck erhaltenen Druckfestigkeiten der Möllerbriketts mit 11 und 0 % freiem Wasser im Rotschlamm in Abhängigkeit von der Prüftemperatur aufgetragen. Die größten und für die Verhüttungsmöglichkeit entscheidenden Unterschiede in der Brikettfestigkeit treten bei 800° C auf. Während bei der Verwendung von ungetrocknetem Rotschlamm die Warmdruckfestigkeit auch oberhalb von 600° C weiter abfällt, bewirkt die Trocknung des Erzes kein weiteres Absinken bzw. sogar ein Ansteigen der Festigkeit zwischen 600 und 800° C.

Aus diesem Grunde wurde bei den weiteren Versuchen, wobei die Lagerzeit der Möllerbriketts auf 24 und 48 Stunden ausgedehnt wurde, immer getrockneter Rotschlamm verwandt. Es zeigte sich, daß die Druckfestigkeitssteigerung durch die Erhöhung des Preßdruckes von 2000 auf 3000 kg/cm² mit Erhöhung der Erhitzungstemperatur und mit Verlängerung der Lagerzeit geringer wird. Da aber die Kaltdruckfestigkeiten sowieso groß genug sind und die Warmdruckfestigkeiten bei 800° C mit steigender Lagerzeit abfallend mit Erhöhung des Preßdruckes von 2000 auf 3000 kg/cm², nur um 13, 12 oder 2 kg/cm² höher liegen, erscheint der Kraftaufwand für einen höheren Preßdruck unwirtschaftlich.

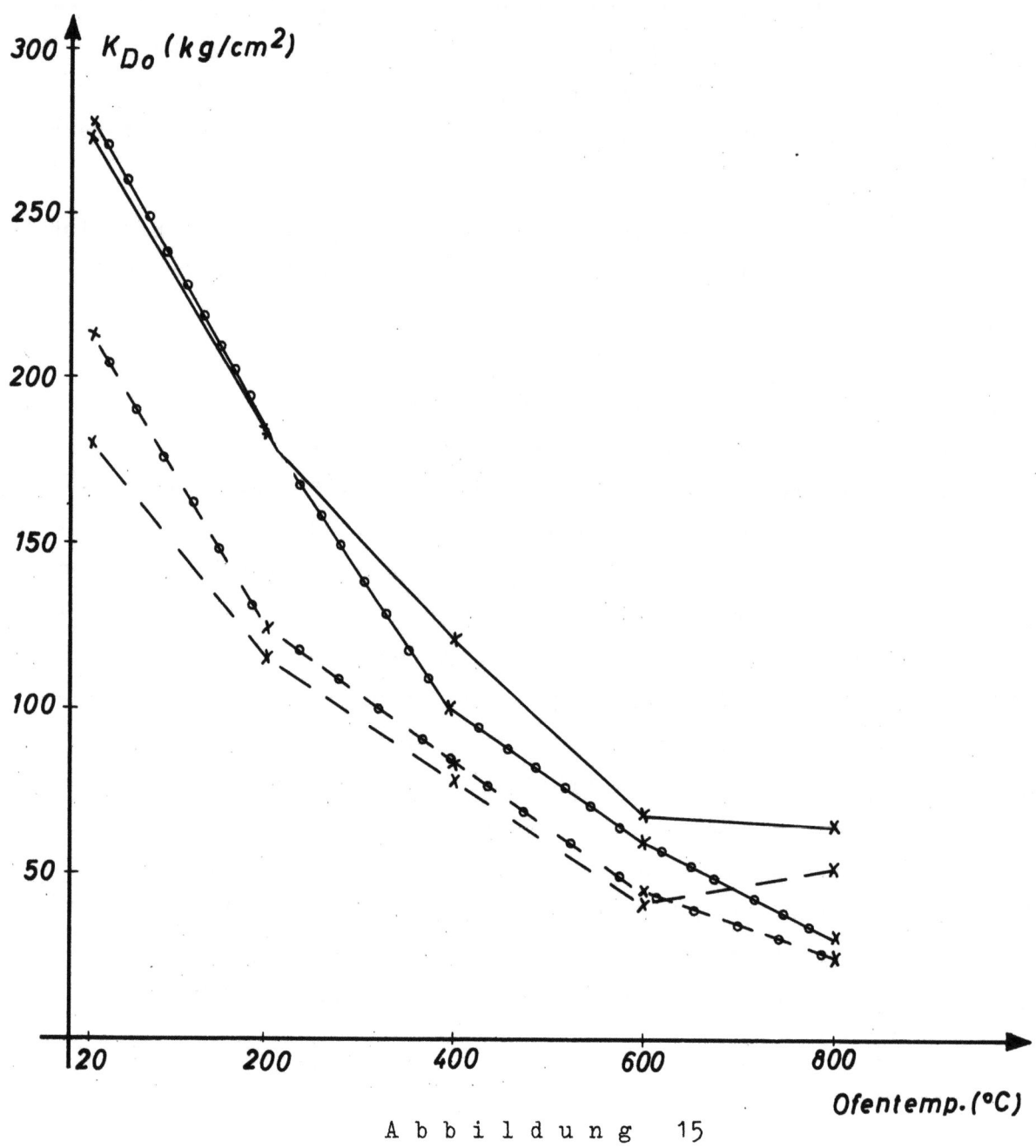

Abbildung 15

Gegenüberstellung der reduzierten Druckfestigkeiten in Abhängigkeit
von der Ofentemperatur unter Verwendung von getrocknetem
und ungetrocknetem Rotschlamm

Wassergehalte des Rotschlamms:	0 % H_2O	11 %
Preßdrücke: 2000 kg/cm²	— — —	—•—•—•—
3000 kg/cm²	———	—o—o—o—

Lagerzeit: 20 Min.

Mischung: Rotschlamm, Braunkohle, $Ca(OH)_2$

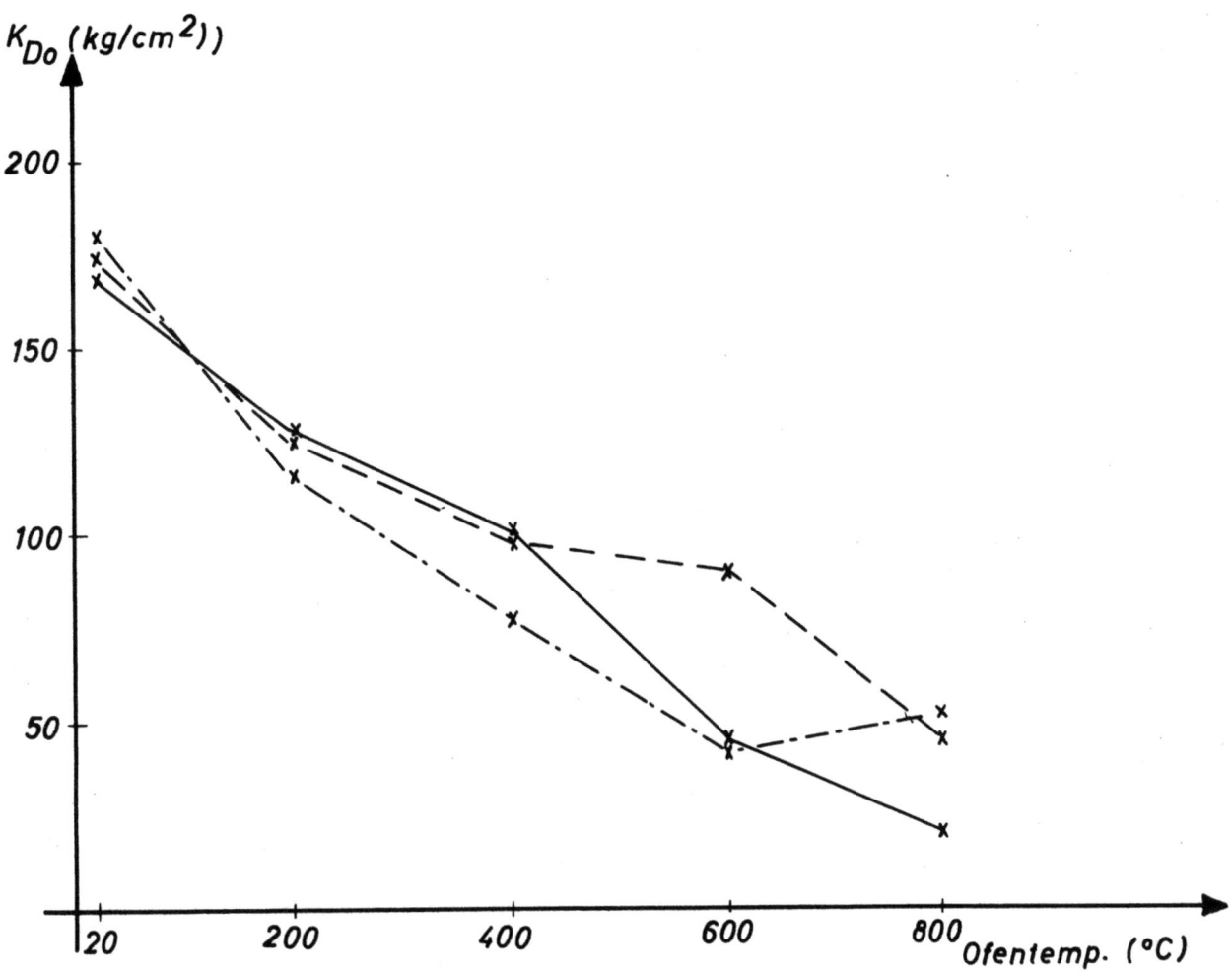

Abbildung 16

Reduzierte Druckfestigkeit in Abhängigkeit von der

Ofentemperatur nach Lagerzeiten von

—··—··— 20 Min. ——— 24 Std. ——— 48 Std.

Preßdruck: 2000 kg/cm^2

Mischung: Rotschlamm (getrocknet), Braunkohle Ca(OH)$_2$

In Abbildung 16 sind die Druckfestigkeiten der bei 2000 kg/cm^2 und in Abbildung 17 der bei 3000 kg/cm^2 Preßdruck erzeugten Möllerbriketts in Abhängigkeit von der Prüftemperatur aufgetragen. Daraus ist zu ersehen, daß Möllerbriketts aus Rotschlamm durch die Lagerung bei 3000 kg/cm^2 Preßdruck einen größeren Druckfestigkeitsverlust als bei 2000 kg/cm^2 erfahren. Während die Warmdruckfestigkeiten bis etwa 600° C durch die Lagerung sogar besser werden oder nur unbedeutend unter den Werten der nach 20 Minu-

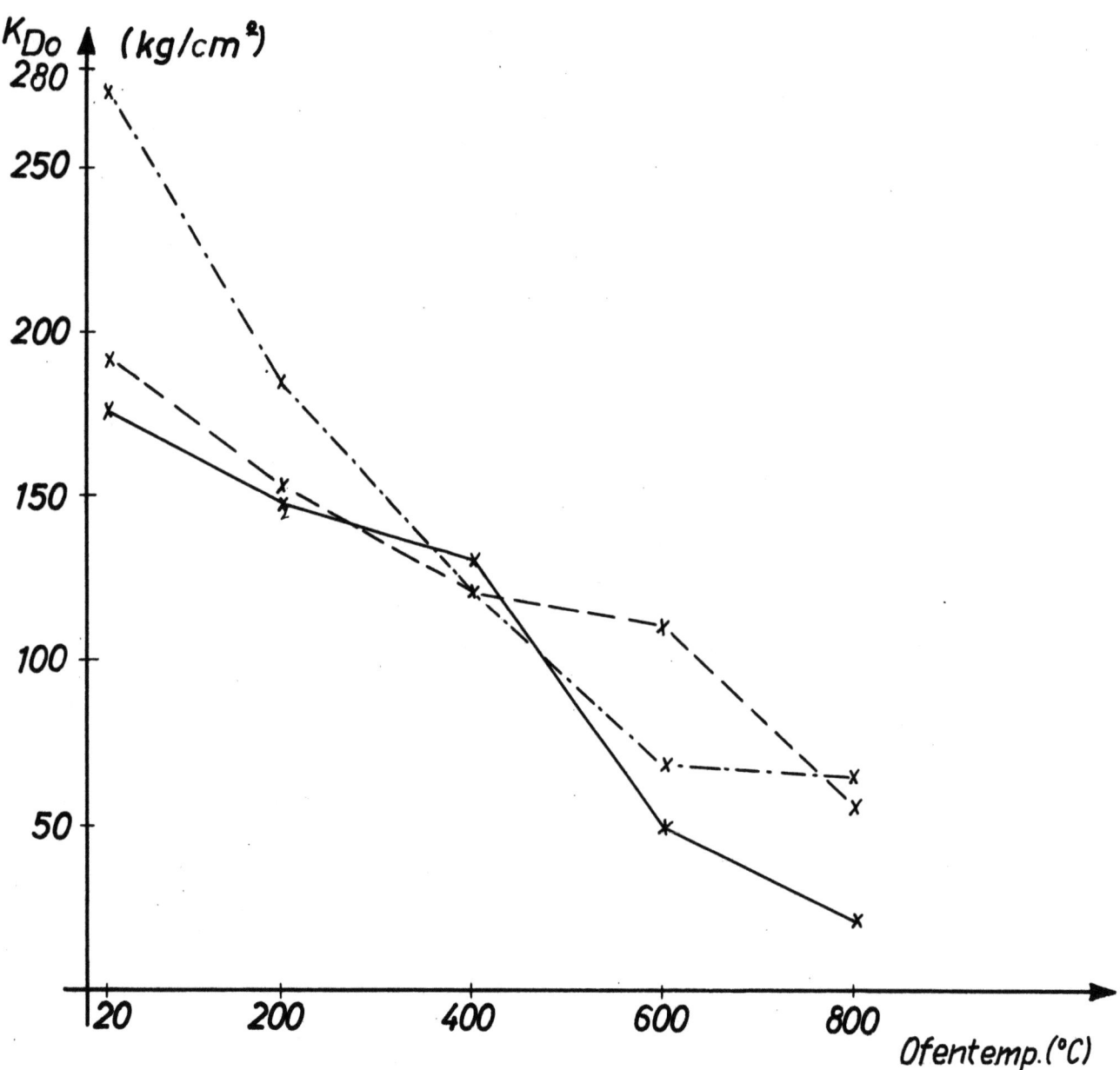

Abbildung 17

Reduzierte Druckfestigkeit in Abhängigkeit von der Ofentemperatur nach Lagerzeiten von

—·—· 20 Min. — — —24 Std. ——— 48 Std.

Preßdruck: 3000 kg/cm²

Mischung: Rotschlamm (getrocknet), Braunkohle $Ca(OH)_2$

ten erhitzten Briketts liegen, bewirkt eine Erhitzung auf 800°C von 48 Stunden gelagerten Briketts eine so starke Festigkeitsminderung, daß sie für den Einsatz zur Schwelverhüttung nicht mehr in Frage kommen.

3.5 Untersuchung über die Abhängigkeit der Kalt- und Warmdruckfestigkeit von besondern Einflußgrößen

3.50 Allgemeines

In den bisherigen Untersuchungen hatte sich ergeben, daß von den verschiedenen basischen Zuschlagstoffen nur das Kalkhydrat zur Möllerbrikettierung geeignet ist. Sechs verschiedene Erze wurden gemeinsam mit Kalkhydrat und Braunkohle der Korngröße 1 - 0 mm und 8 % Wassergehalt verpreßt. Es zeigte sich, daß nur Möllerbriketts mit Erzanteilen von Rohspatschlamm, Rostspatstaub und Rotschlamm unter diesen Bedingungen genügende Ofenstandfestigkeiten aufweisen. Im folgenden soll versucht werden, allgemeine Abhängigkeiten der Güte der Möllerbriketts von den wichtigsten Einflußgrößen herauszustellen. Damit soll die Möglichkeit geschaffen werden, auch ohne besondere Brikettierungsuntersuchungen allein auf Grund der Analysen größenordnungsmäßig Aussagen über die Einsatzmöglichkeit von Magnetitschlich, Doggererz, Feinrohspat und fremden Rohstoffen im Niederschachtofen nach diesem Verfahren machen zu können. Im einzelnen wurde der Einfluß der Mengenanteile der Braunkohle, des Kalziumhydrates und der Kieselsäure untersucht. Weiterhin wurden sowohl die Korngröße der Braunkohle und des Erzes als auch der Wassergehalt der Braunkohle verändert.

3.51 Versuche unter Veränderung des Wassergehaltes der Baunkohle

Für die folgenden Versuche wurde der Rostspatstaub als Erzanteil in den Möllerbriketts herangezogen. Ohne Rücksicht auf den Wassergehalt der Kohlen wurde unter Berücksichtigung von verhüttungstechnischen Gesichtspunkten folgendes Mischungsverhältnis eingehalten:

33 % Trockenkohle (wasserfrei), 46 % Rostspatstaub, 21 % $Ca(OH)_2$. Als Lagerzeiten bis zur Prüfung wurden 20 Minuten, 24 und 48 Stunden gewählt. Diese Versuche wurden bei einem Wassergehalt der Kohle von 30,2, 21 und 14,7 % sowohl bei 1000 als auch bei 2000 und 3000 kg/cm^2 Preßdruck für 8,7 und 4,0 % Wassergehalt bei 2000 und 3000 kg/cm^2 durchgeführt. Unter Berücksichtigung des erwähnten Mischungsverhältnisses waren die 60 g-Briketts bei den verschiedenen Wassergehalten folgendermaßen zusammengesetzt:

Gesamt-wasser-gehalt (%)	Anteil wasser-haltiger Braun-kohle (g)	Kohlen-wasser-gehalt (%)	Rostspat-staub-anteil (g)	Kalkhydrat-anteil (g)
1,5	20	4,0	27,0	13,0
3,0	21	8,0	26,5	12,5
5,4	22	14,7	26,0	12,0
8,05	23	21,0	25,5	11,5
12,6	25	30,2	24,0	11,0

Die Festigkeit der Mischbriketts zeigte mit Veränderung des Wassergehaltes folgende Abhängigkeit: Mit Erhöhung des Wassergehaltes stiegen die Kaltdruckfestigkeiten zunächst an, um dann nach Überschreiten des optimalen Wassergehaltes wieder abzufallen (s. Abb. 18). Im Gegensatz zur Zweistoffbrikettierung 17 mit Erz und Braunkohle liegt der optimale Wassergehalt in Dreistoffbriketts - Erz, Kalkhydrat und Braunkohle - nicht in denselben Bereichen wie bei der alleinigen Braunkohlenbrikettierung. Während die optimalen Wassergehalte bei der Braunkohlen- und Zweistoffbrikettierung für die Preßdrücke von 1000, 2000 und 3000 kg/cm^2 zu 19, 12 und 8 % ermittelt wurden, liegen die entsprechenden bei Mischbriketts mit 10, 9 und 8 % Gesamtwassergehalt, was einem Kohlenwassergehalt von 26, 23 und 21 % entspricht. Die Abweichung ist durch den Einfluß des Kalkhydratzusatzes zu erklären und erlaubt folgende Deutung: Mit steigendem Preßdruck wird das aus den Kapillaren der Kohle ausgepreßte Wasser in zunehmendem Maße im Brikettgemisch verteilt und benetzt auch die sehr große Oberfläche des Kalkes. Bei der Druckentlastung kann das auf der Kalkoberfläche adsorbtiv gebundene Wasser nicht in die Kohle zurückfließen und die Kapillarbindungskräfte in dem Maße wirksam werden lassen, wie bei Fehlen eines wasseradsorbierenden Stoffes mit großer Oberfläche. Daraus ergibt sich, daß - um optimale kapillare Bindungskräfte zu bekommen - beim Kalkhydratzusatz ein höherer Gesamtwassergehalt als bei der Zweistoffbrikettierung von Erz und Braunkohle notwendig ist. Die absolut höchsten Druckfestigkeiten wurden nach 20 Minuten Lagerzeit bei allen 3 Preßdrücken bei einem Wassergehalt der Kohle von 21 % erreicht. Die Kaltdruckfestigkeiten wurden nach 24 und 48 Stunden nochmals festgestellt. Aus diesen Versuchen war zu er-

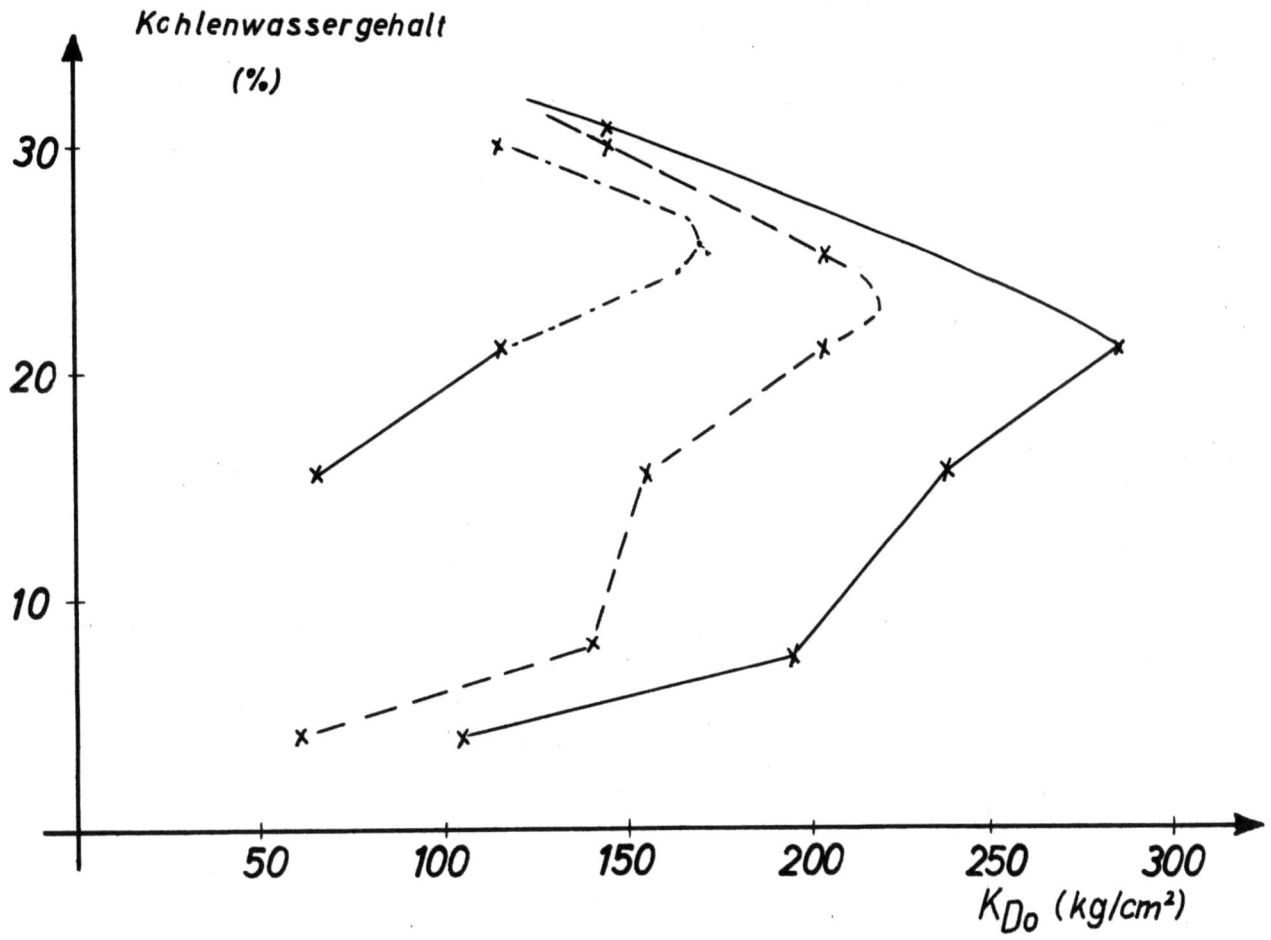

Abbildung 18

Wahrscheinlicher Verlauf der reduzierten Druckfestigkeit
in Abhängigkeit vom Wassergehalt mit den
etwaigen optimalen Wassergehalten

Preßdruck: 1000 kg/cm^2 —·—·— 2000 kg/cm^2 — — — 3000 kg/cm^2 ———

sehen, daß sich die Abhängigkeit der Kaltdruckfestigkeit vom Wassergehalt mit der Lagerzeit bedeutend verändert (s. Abb. 21). Bei den höheren Wassergehalten von 14,7, 21 und 30,2 % tritt bei allen Preßdrücken bei der Lagerung eine Festigkeitssteigerung ein. Während bei Kohlenwassergehalten von 14,7 und 30,2 % die optimalen Festigkeiten schon nach 24 Stunden eingetreten sind und durch die längere Lagerung einen Abfall der Druckfestigkeit aufweisen, steigen die Festigkeiten der mit 21 % Wassergehalt - etwa im optimalen Bereich - hergestellten Briketts bis 48 Stunden nochmals bei 1000 kg/cm^2 Preßdruck um 22 % (Abb. 19), bei 2000 kg/cm^2

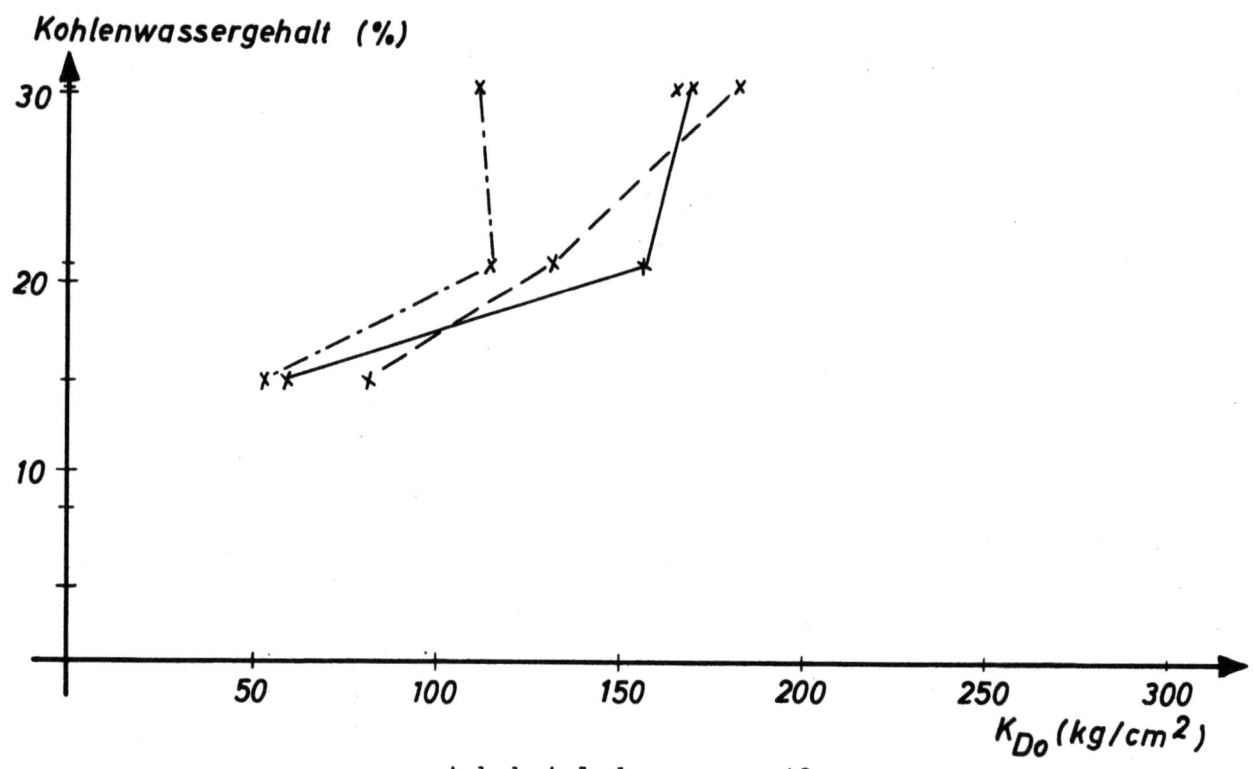

Abbildung 19

Kaltdruckfestigkeit in Abhängigkeit vom Kohlenwassergehalt

Mischung: Rostspatstaub, Braunkohle, $Ca(OH)_2$

Preßdruck: 1000 kg/cm^2

Lagerzeiten: 20 Min. —·—·—   24 Std. — — —   48 Std. ———

um 35 % (Abb. 20) und bei 3000 kg/cm^2 um 10 % an (Abb. 21). Bei den Kohlenwassergehalten von 4 und 8 % sind bei 2000 und 3000 kg/cm^2 Preßdruck die durch die Lagerung bedingten Unterschiede der Druckfestigkeit so gering, daß sie als Streuwerte angesehen werden können.

Allgemein kann also gesagt werden, daß mit steigendem Wassergehalt die Lagerung der Möllerbriketts eine Verbesserung der Druckfestigkeit bewirkt. Im Bereich von 4 und 8 % Wassergehalt scheint eine Lagerung über 24 Stunden hinaus einen Abfall der Druckfestigkeit hervorzurufen. In Abbildung 22 sind für die 5 verschiedenen Kohlenwassergehalte die Kaltdruckfestigkeiten der Möllerbriketts in Abhängigkeit vom Preßdruck aufgetragen. Die Druckfestigkeitssteigerungen durch die Erhöhung des Preßdruckes sind für die Möllerbriketts mit 4, 8, 14,7 und 21 % Wassergehalt der Kohle etwa linear und steigen mit Erhöhung des Wassergehaltes. Die Briketts mit 30,2 % W weisen zwischen 2000 und 3000 kg/cm^2 Preßdruck keine Festigkeitsstei-

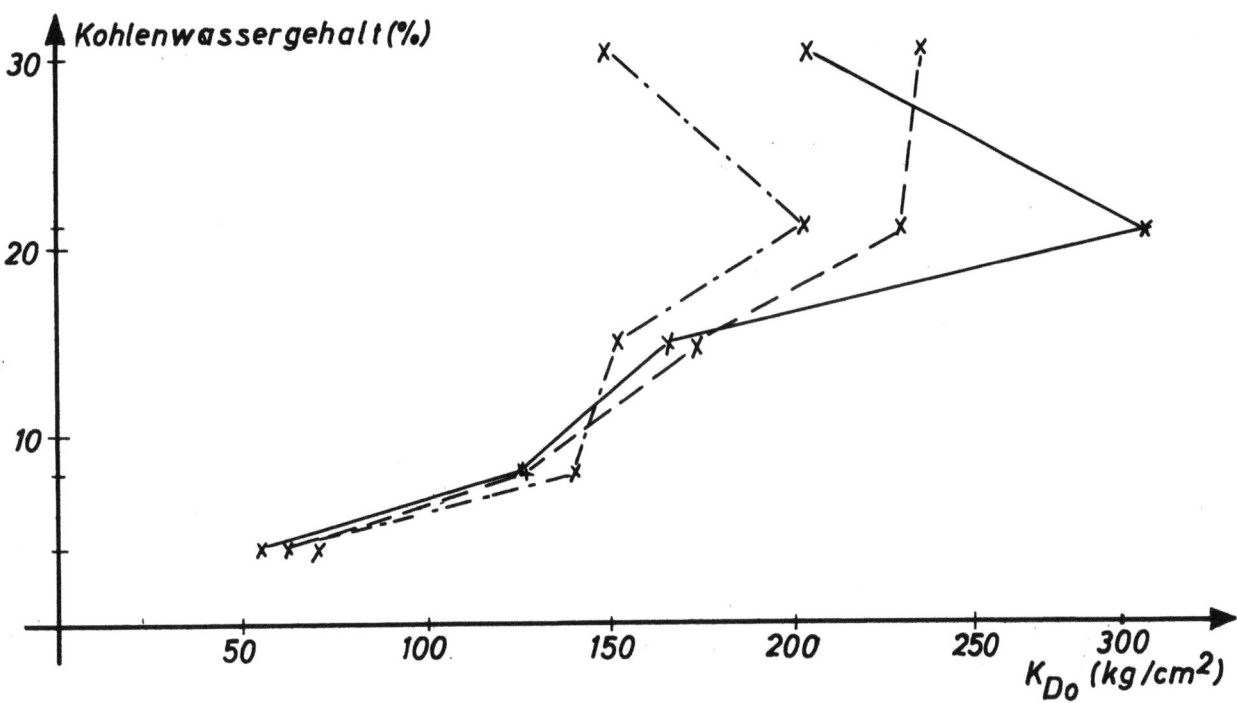

Abbildung 20

Kaltdruckfestigkeit in Abhängigkeit vom Kohlenwassergehalt

Mischung: Rostspatstaub, Braunkohle, $Ca(OH)_2$

Preßdruck: 2000 kg/cm^2

Lagerzeiten: 20 Min.—·—· 24 Std.— — — 48 Std. ———

gerung mehr auf. Bei ihnen ist der Wasseranteil bereits so groß, daß eine Erhöhung des Preßdruckes keine Vermehrung der Wasserbindungskräfte bewirkt, sondern das Wasser z.T. ausgepreßt wird.

Neben der oben beschriebenen Kaltdruckfestigkeit wurde die Warmdruckfestigkeit der Möllerbriketts nach Erreichen der Ofentemperaturen von 200, 400, 600 und 800° C gemessen.

Nachdem sich bei der Ermittlung der Kaltdruckfestigkeit herausgestellt hatte, daß ein Preßdruck von 1000 kg/cm^2 keine genügende Verdichtung der Möllerbriketts ergibt, wurde im folgenden der Preßdruck nur noch zu 2000 und 3000 kg/cm^2 verändert, wobei wieder vor der Erhitzung Lagerzeiten von 20 Minuten, 24 und 48 Stunden gewählt wurden. Für diese Versuche wurde Braunkohle mit Wassergehalten von 30,2, 21,0 14,7 8,0 und 4,0 % herangezogen. In Abbildung 23 sind die Warmdruckfestigkeiten der bei 2000 kg/cm^2

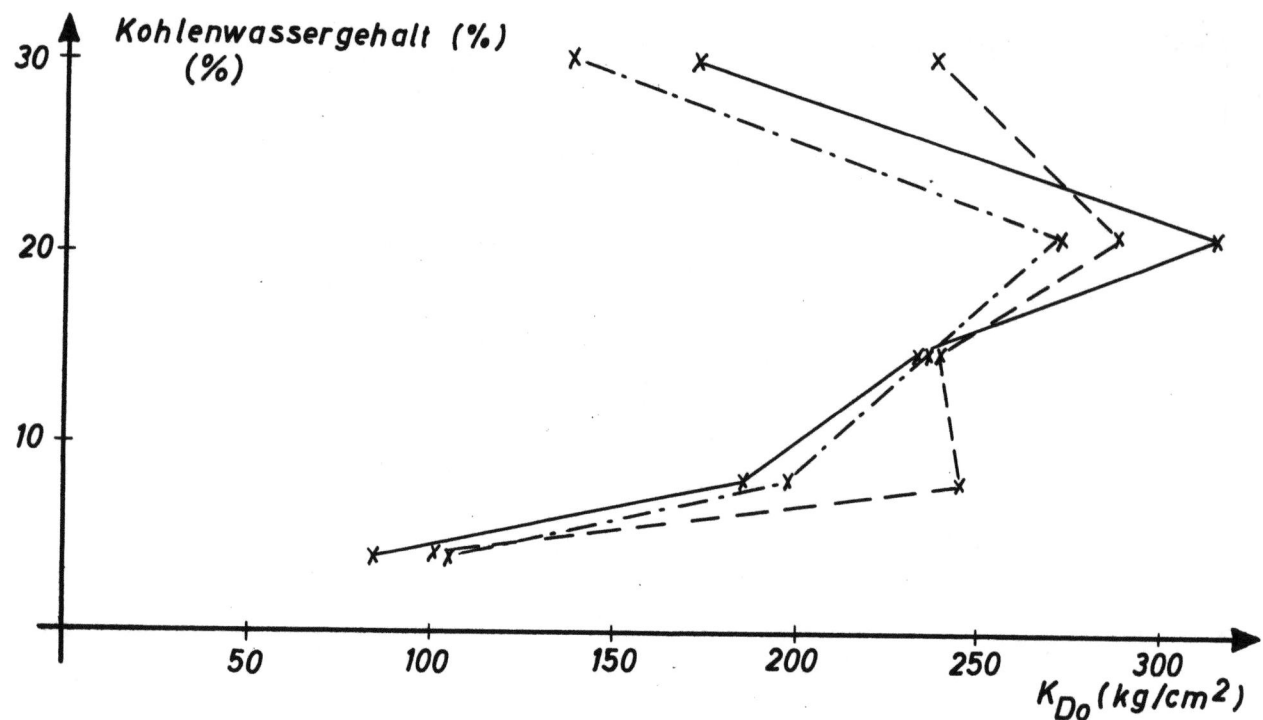

Abbildung 21

Kaltdruckfestigkeit in Abhängigkeit vom Kohlenwassergehalt

Lagerzeiten: 20 Min. —·—·— 24 Std. — — —   48 Std. ———

Preßdruck: 3000 kg/cm^2

Mischung: Rostspatstaub, Braunkohle, Ca(OH)$_2$

und in Abbildung 24 die bei 3000 kg/cm^2 Preßdruck erzeugten Möllerbriketts in Abhängigkeit von der Ofentemperatur bei einer Lagerzeit von 20 Minuten eingetragen. Mit Ausnahme der Versuche mit dem geringen Wassergehalt von 4 % ergab sich durchweg, daß die Erhitzung der Briketts eine Verringerung der im heißen Zustand gemessenen Warmdruckfestigkeit gegenüber der Kaltdruckfestigkeit verursacht. Die größte Festigkeitsminderung tritt wie bei der Zweistoffbrikettierung bei der Verdampfung des Wassergehaltes der Kohle bis zur Temperatur von etwa 200° C und bei der Hauptentgasung bis etwa 400° C auf. Nur bei 2000 kg/cm^2 Preßdruck und einem Wassergehalt von 21,7 % weisen die Möllerbriketts bis 600° C und bei 30,2 % Wassergehalt bis 800° C weitere namhafte Festigkeitsminderungen auf, welche durch den geringen Anteil an Kohäsionskräften zu erklären ist. Bei allen anderen Versuchen bleibt die Temperatursteigerung über 400° C die Warmdruckfestigkeit innerhalb der Streubereiche konstant. Bei nur 4 % Wassergehalt liegen

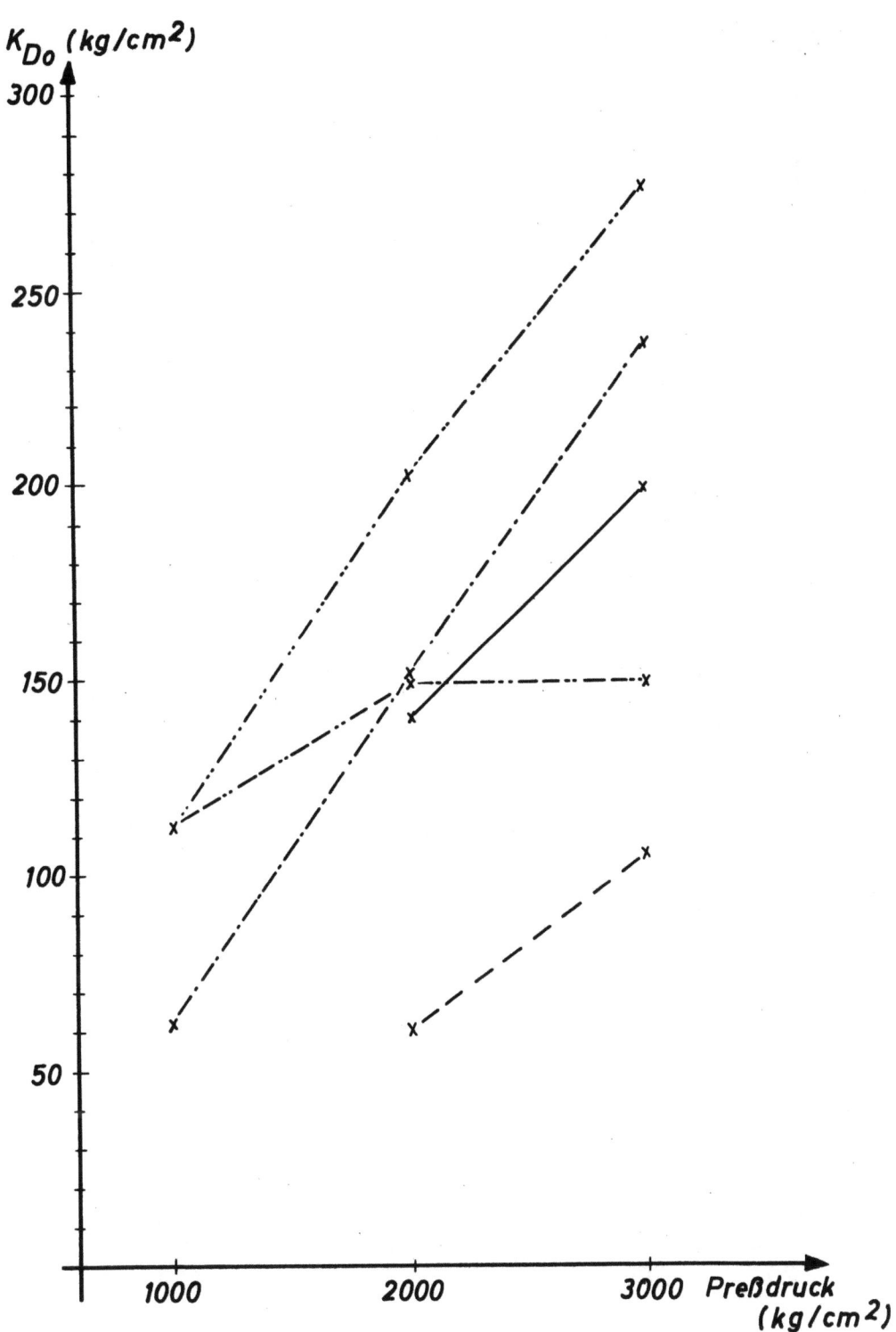

A b b i l d u n g   22

Kaltdruckfestigkeit in Abhängigkeit vom Preßdruck

Lagerzeit: 20 Min.

Kohlenwassergehalt:

4 %--- 8 %——— 14,7 %—·—·— 21,0 %—··—··— 30,2 %—···—···—

Forschungsberichte des Wirtschafts- und Verkehrsministeriums Nordrhein-Westfalen

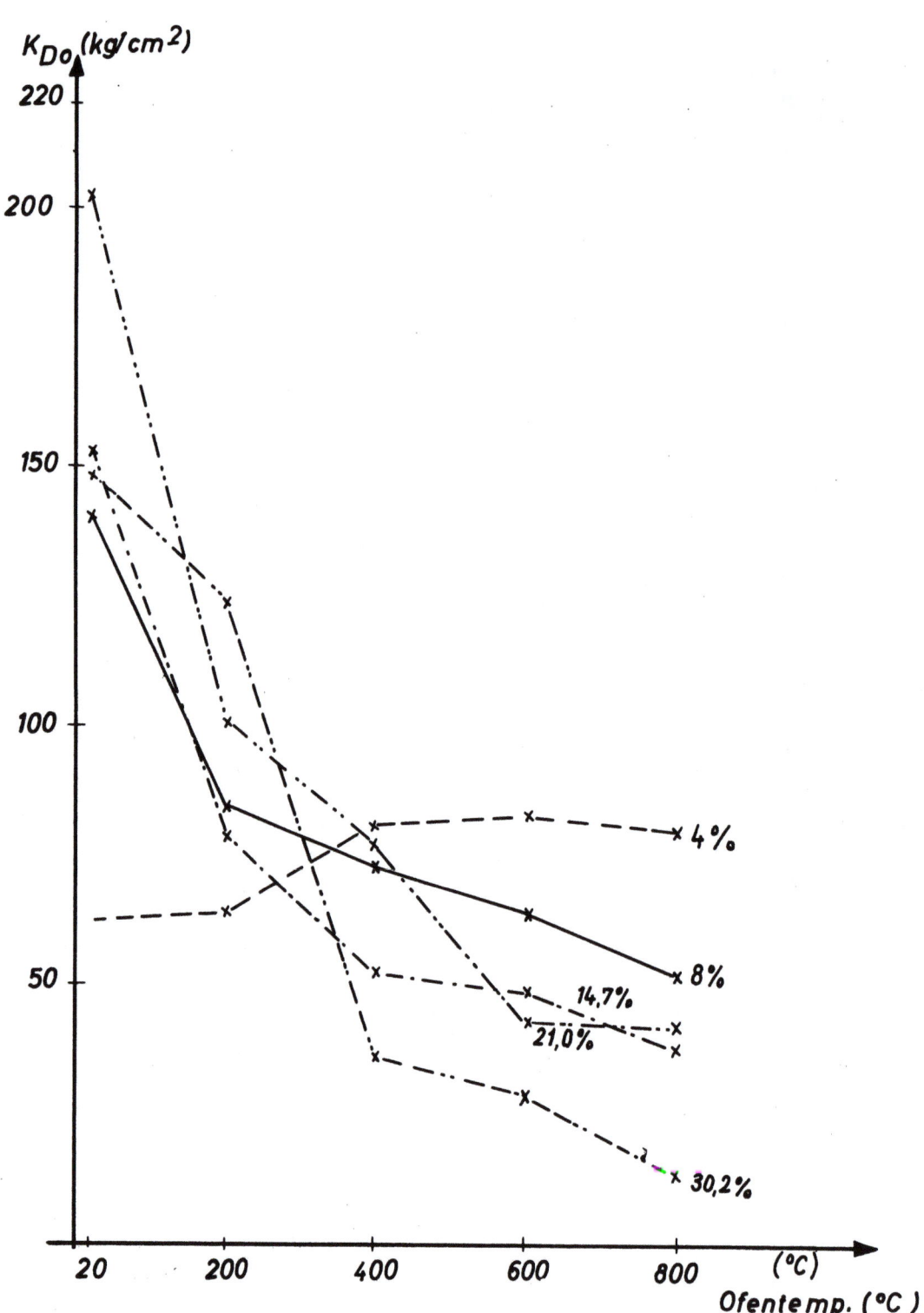

A b b i l d u n g   23

Reduzierte Druckfestigkeit in Abhängigkeit von der Ofentemperatur

Preßdruck: 2000 kg/cm^2, Lagerzeit: 20 Min.

Kohlenwassergehalte:

4 % – – –   8 % ———   14,7 % – · – · –   21,0 % – · · – · · –   30,2 % – – · · – – · · –

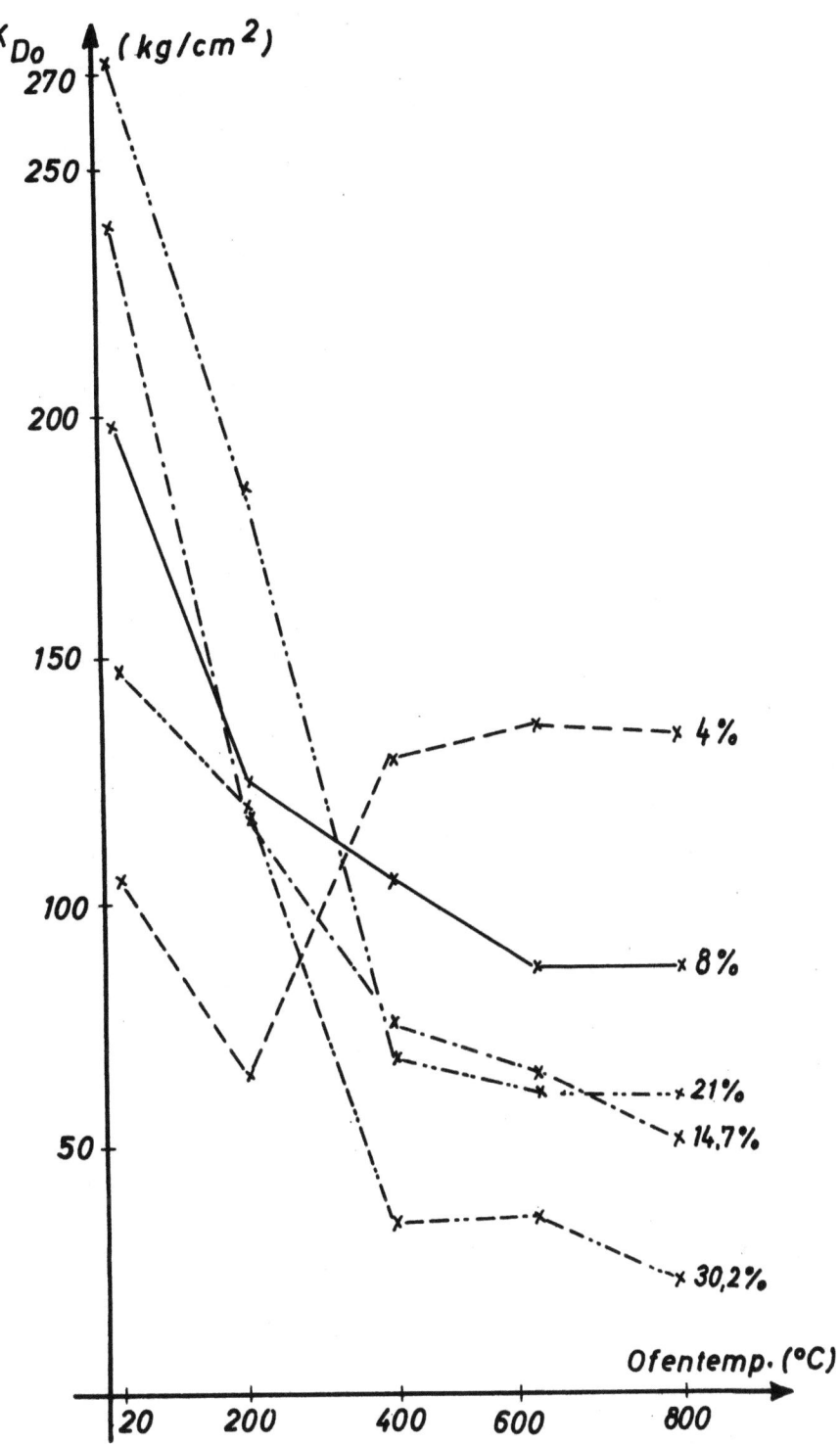

Abbildung 24

Reduzierte Druckfestigkeit in Abhängigkeit von der Ofentemperatur

Preßdruck: 3000 kg/cm^2

Kohlenwassergehalt:

4 % ---   8 % ———   14,7 % —·—·—   21,0 % —··—··—   30,2 % —···—···—

die Verhältnisse auf Grund des geringen Anteils der Wasserbindungskräfte an der Festigkeit der Briketts gänzlich anders. Hier steigen die Warmdruckfestigkeiten mit Erhöhung der Temperatur und übertreffen bei 800° C die Kaltdruckfestigkeit bei 2000 kg/cm² Preßdruck um etwa 30 % und bei 3000 kg/cm² Preßdruck um etwa 25 %.

Während zu Anfang dieses Abschnittes (s. Abb. 18) festgestellt worden ist, daß die Kaltdruckfestigkeit bis zum optimalen Wassergehalt ansteigt, um nach Überschreiten dieses Punktes wieder abzufallen, wurde diese Erscheinung bei der Warmdruckfestigkeit nicht mehr beobachtet. Mit zunehmender Ofentemperatur - bei den Meßtemperaturen von 600 und 800° C fast linear - steigt die Warmdruckfestigkeit mit Erniedrigung des Wassergehaltes bei allen Versuchsreihen mit Preßdrücken von 2000 und 3000 kg/cm² und nach verschiedenen Lagerzeiten vor der Erhitzung (20 Minuten, 24 und 48 Stunden) im untersuchten Bereich von 4 - 30,2 % Kohlenwassergehalt bzw. 1,5 - 12,6 % Gesamtwassergehalt.

Die Warmdruckfestigkeiten bei 800° C Ofentemperatur steigern sich bei Briketts, die mit 2000 kg/cm² Preßdruck (Abb. 25) erzeugt wurden, von 12 kg/cm² bei 30,2 % Wassergehalt auf 79 kg/cm² bei 4 % Wassergehalt. Bei 3000 kg/cm² Preßdruck (Abb. 26) erhöht sich die Warmdruckfestigkeit zwischen 30,2 und 4 % Wassergehalt der Kohle von 23 auf 134 kg/cm². Es ergibt sich, daß bei allen Wassergehalten mit Ausnahme von 4 % W die verhältnismäßige Erniedrigung der Warmdruckfestigkeiten bei 200 und 400° C gegenüber den Kaltdruckfestigkeiten am größten ist, der höchste absolute Unterschied beim optimalen Wassergehalt (21 % Wasser) auftritt. Nur bei den Briketts mit 4 % Wassergehalt sind die Warmdruckfestigkeiten teilweise größer als die Kaltdruckfestigkeiten, indem sämtliche bei 2000 kg/cm² Preßdruck gemessenen Warmdruckfestigkeiten und die bei 3000 kg/cm² Preßdruck bei 600 und 800° C Ofentemperatur ermittelten Warmdruckfestigkeiten höher als die Kaltdruckfestigkeiten liegen.

Aus diesen Versuchsergebnissen ist zu ersehen, daß ein Optimum an Kaltdruckfestigkeit, welches durch die Wirksamkeit eines großmöglichsten Ausmaßes an Wasserbindungskräften - Adhäsion- und Kapillarkräfte - erreicht werden kann, für die Warmdruckfestigkeit unwesentlich ist. Vielmehr ist ein möglichst niedriger Wassergehalt der Braunkohle im Möllerbrikett zweckmäßig, welcher eine möglichst große Näherung der einzelnen Teilchen im

Forschungsberichte des Wirtschafts- und Verkehrsministeriums Nordrhein-Westfalen

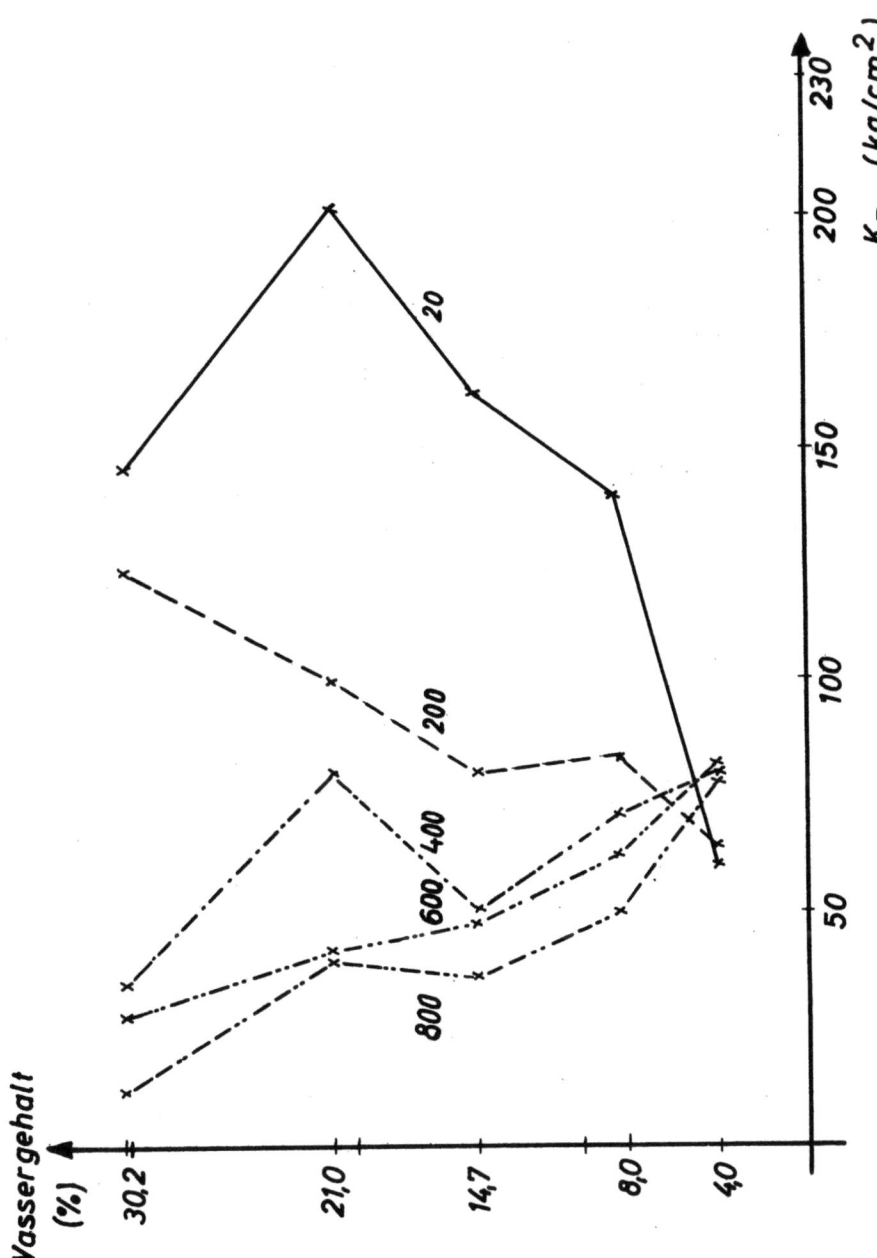

Abbildung 25

Druckfestigkeiten nach verschiedenen Temperaturen

Preßdruck: 2000 kg/cm², Prüftemperaturen:
——— 20° C   —··— 400° C   —···— 800° C
——— 200° C   —··— 600° C

Mischung: Rostspatstaub, Braunkohle, Ca(OH)$_2$

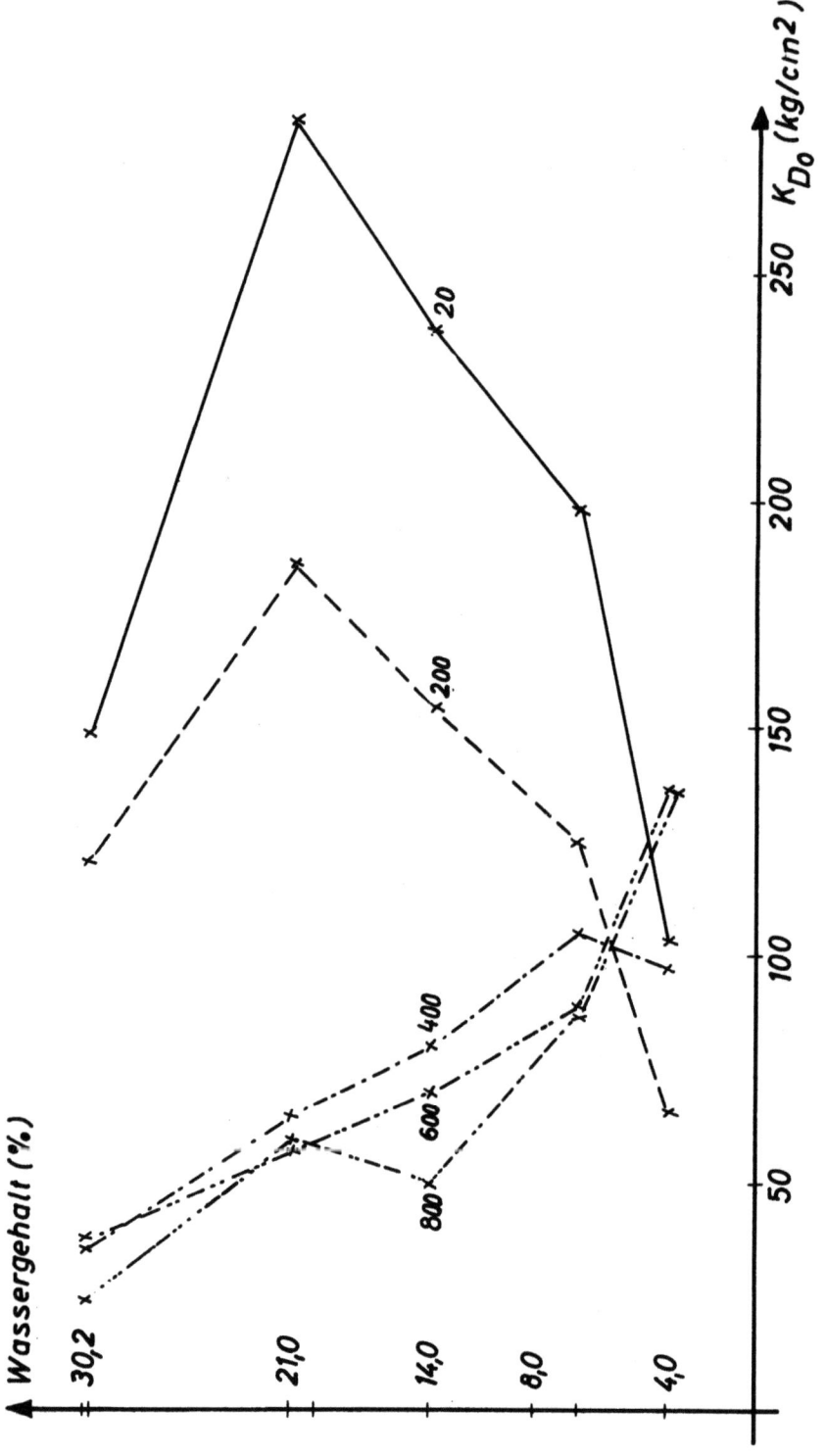

A b b i l d u n g 26

Reduzierte Druckfestigkeit in Abhängigkeit vom Kohlenwassergehalt bei einem Preßdruck von 3000 kg/cm² und folgenden Ofentemperaturen:
——— 20° C   —·—·— 400° C   —··—··— 800° C
— — — 200° C   —···—···— 600° C

Mischung: Rostspatstaub, Braunkohle, $Ca(OH)_2$

Brikett nicht hindert, bei der Trocknung durch die Wasserabgabe das Gefüge nicht wieder zerstört und dadurch die molekularen Nahkräfte, Kohäsions- bzw. van der Waals'sche Kräfte, zur Geltung kommen läßt.

Wie am Anfang dieses Abschnittes erwähnt, nehmen die Kaltdruckfestigkeiten der Dreistoffbriketts nach ein- oder zweitägiger Lagerung zum Teil beachtlich zu. Die Warmdruckfestigkeiten dagegen streuen nach den erwähnten Lagerzeiten um die unmittelbar nach der Verpressung ermittelten Werte, so daß keine klare Abhängigkeit von der Lagerzeit zu erkennen ist. Als Beispiel für dieses Verhalten sind in Abbildung 27 die bei 800° C ermittelten Warmdruckfestigkeiten für die Preßdrücke von 2000 und 3000 kg/cm^2 in Abhängigkeit vom Wassergehalt aufgetragen. Diese Tatsache läßt vermuten, daß die Festigkeitssteigerung durch Lagerung bei den Kaltdruckfestigkeiten auf Wasserbindungskräften beruhen, die durch Trocknung der Briketts bei ihrer Erhitzung wieder verlorengehen.

Allgemein verursacht eine Erhöhung des Preßdruckes im untersuchten Bereich zwischen 4 - 30,2 % Wassergehalt der Kohle eine Steigerung der Warmdruckfestigkeit. Die absolute Festigkeitssteigerung ist dabei desto größer, je niedriger der Wassergehalt ist. Die bei der Kaltdruckfestigkeit gefundenen optimalen Verhältnisse - bestimmter optimaler Wassergehalt beim jeweiligen Preßdruck - treten bei der Warmdruckfestigkeit nicht auf. Je geringer der Wassergehalt der Kohle ist, desto stärker kann eine Preßdruckerhöhung eine Annäherung der Teilchen und dadurch Kohäsionskräfte bewirken, die auch bei der thermischen Beanspruchung eine besserer Festigkeit der Preßlinge gewährleisten. Für die Möllerbrikettierung ist demnach ein Brikett von möglichst großer Verdichtung und damit Kohäsionsbindung anzustreben.

3.52 Versuche unter Änderung des Braunkohlenanteiles

Um erkennen zu können, inwieweit der Braunkohlenanteil Einfluß auf die Kalt- und Warmdruckfestigkeit der Möllerbriketts nimmt, wurden in einer weiteren Versuchsreihe Möllerbriketts aus Rohspatschlamm, Kalziumhydrat und Braunkohle hergestellt, bei denen der Braunkohlenanteil, der möllergerecht mit 16 g errechnet war, auf 12 g und 20 g verändert wurde.

Möllerbriketts aus folgenden drei Mischverhältnissen wurden erzeugt und deren Gütewerte einander gegenübergestellt:

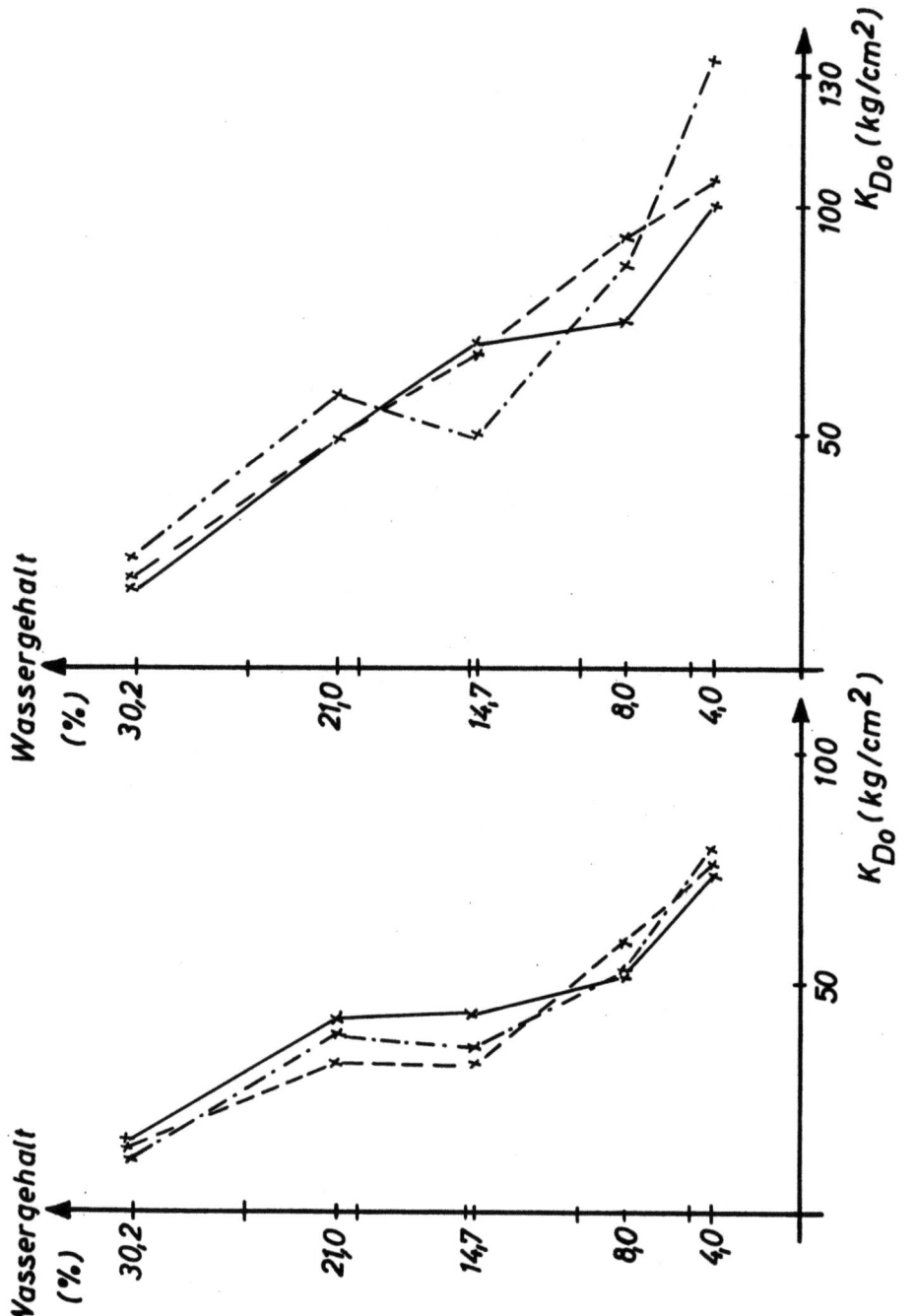

Abbildung 27

Reduzierte Druckfestigkeit in Abhängigkeit vom Kohlenwassergehalt nach

Lagerzeiten von 20 Min. ——— 24 Std. ——— 48 Std.

Preßdruck: 2000 kg/cm^2 Preßdruck: 3000 kg/cm^2

Mischung: Rostspatstaub, Braunkohle, $Ca(OH)_2$

Braunkohlen (g)	Rohspatschlamm (g)	$Ca(OH)_2$ (g)
12	31,5	16,5
16	29	15
20	26,5	13,5

Die nach 20 Minuten Lagerzeit gemessenen Kalt- und Warmdruckfestigkeiten der bei den verschiedenen Braunkohlenanteilen unter 2000 kg/cm^2 Preßdruck sind in Abbildung 28 und unter 3000 kg/cm^2 Preßdruck hergestellten Möllerbriketts in Abbildung 29 in Abhängigkeit von der Prüftemperatur aufgetragen.

Während bei der Kaltdruckfestigkeit die Möllerbriketts mit 16 g Braunkohlenanteil immer am höchsten liegen und die anderen beiden Mischbriketts um etwa 25 % an Festigkeit übertreffen, ergibt sich mit steigender Ofentemperatur - eindeutig bei 800° C -, daß die höchste Festigkeit den Möllerbriketts zugeordnet ist, welche den geringsten Braunkohlenanteil haben. So steigt z.B. die Warmdruckfestigkeit bei 800° C der unter 2000 kg/cm^2 Preßdruck hergestellten Möllerbriketts (s. Abb. 28) von 48 kg/cm^2 bei 20 g auf 86 kg/cm^2 bei 16 g und auf 159 kg/cm^2 bei 12 g Braunkohlenzugabe. Bei der Betrachtung dieser Erniedrigung der Warmdruckfestigkeit mit Erhöhung des Braunkohlenanteiles kann man diese Erscheinung nicht allein als Schädigung durch die mengenmäßig erhöhte Wasserabgabe und Entgasung ansehen, sondern muß einen Teil der Verringerung der Festigkeit bei höheren Temperaturen auf die durch die höhere Braunkohlenzugabe bedingte prozentuale Abnahme des Kieselsäure- und vor allem des Kalkhydratanteiles zurückzuführen. Bestehen bleibt jedoch die Tatsache, daß bei einem verfahrensmäßig z.B. durch größeren Wärmebedarf notwendig werdenden höheren Braunkohlenanteil niedrigere Warmdruckfestigkeiten zu erwarten sind.

Während bei 12 und 16 g Braunkohlenanteil sich die Druckfestigkeitsunterschiede, welche sich durch Erhöhung des Preßdruckes von 2000 auf 3000 kg/cm^2 nach 20 Min. Lagerzeit ergeben haben, zwischen 200 und 400° C wieder erhöhen und dann mit steigender Ofentemperatur auf geringere Werte abfallen und bei 12 g Kohlenanteil und 800° C sogar der Fall eintritt, daß die Warmdruckfestigkeit der mit 3000 kg/cm^2 Preßdruck erzeugten Briketts niedriger liegt als bei Preßlingen, die mit 2000 kg/cm^2 hergestellt wurden, fällt die Festigkeit der Möllerbriketts mit 20 g Braunkohlenanteil

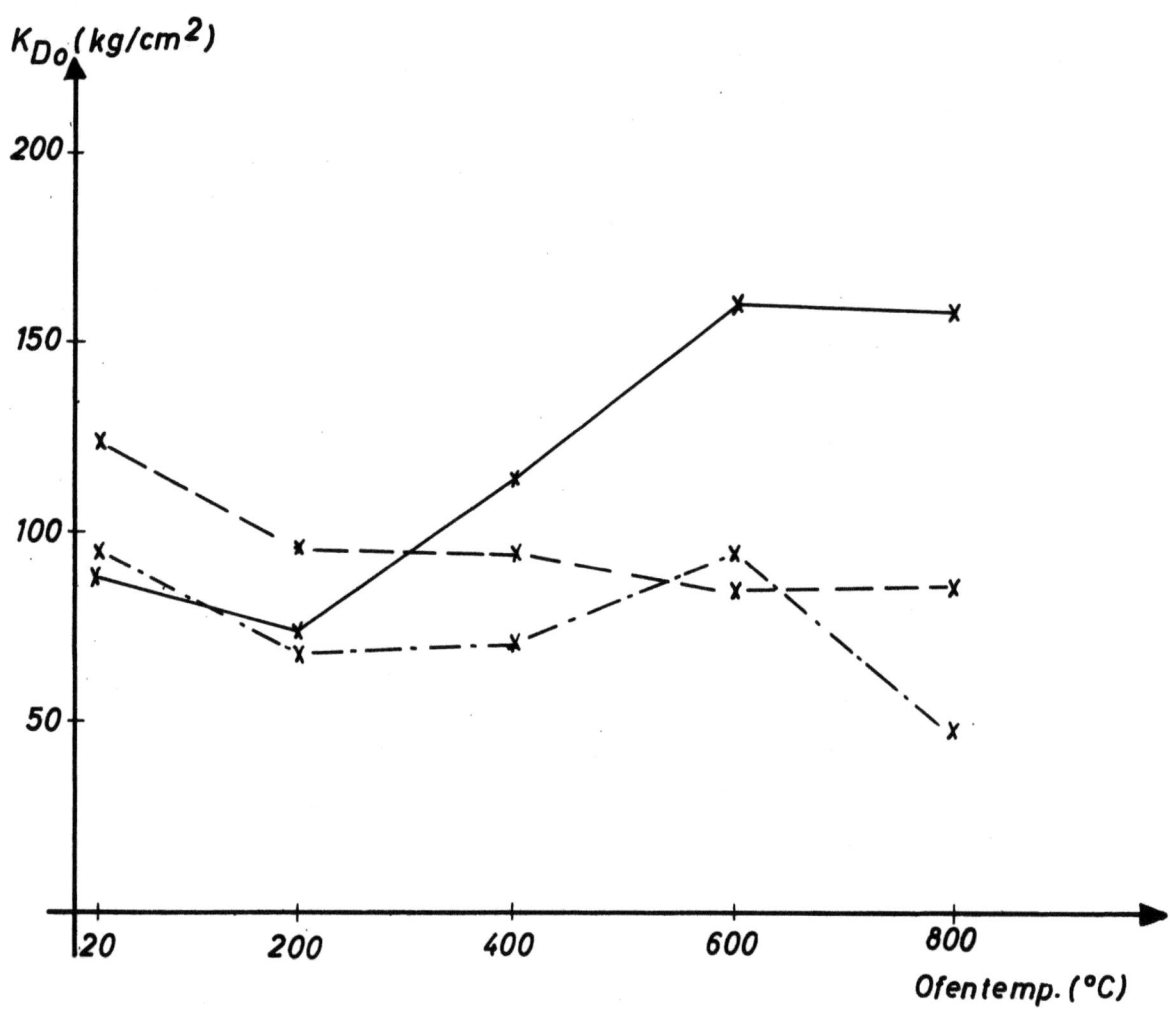

Abbildung 28

Reduzierte Druckfestigkeit in Abhängigkeit von der
Ofentemperatur bei Braunkohlenanteilen von

12 g —————— 16 g — — — 20 g —·—·—

Preßdruck: 2000 kg/cm^2, Lagerzeit: 20 Min.

Mischung: Rohspatschlamm, Braunkohle, Ca(OH)$_2$

bis 600° C Prüftemperatur von 46 auf 17 kg/cm^2 Druckfestigkeitsunterschied ab, um dann bis 800° C wieder auf 53 kg/cm^2 anzusteigen.

Bei 800° C fällt also der Warmdruckfestigkeitsunterschied zwischen Briketts, die mit 2000 und 3000 kg/cm^2 Preßdruck hergestellt wurden, mit Verringerung des Braunkohlenanteiles ab. Unter Beachtung der absoluten Druckfestigkeitswerte (s. Abb. 28 und 29) kann man sagen, daß der Einfluß der Erhöhung des Preßdruckes auf die Brikettgüte immer geringer wird je höher

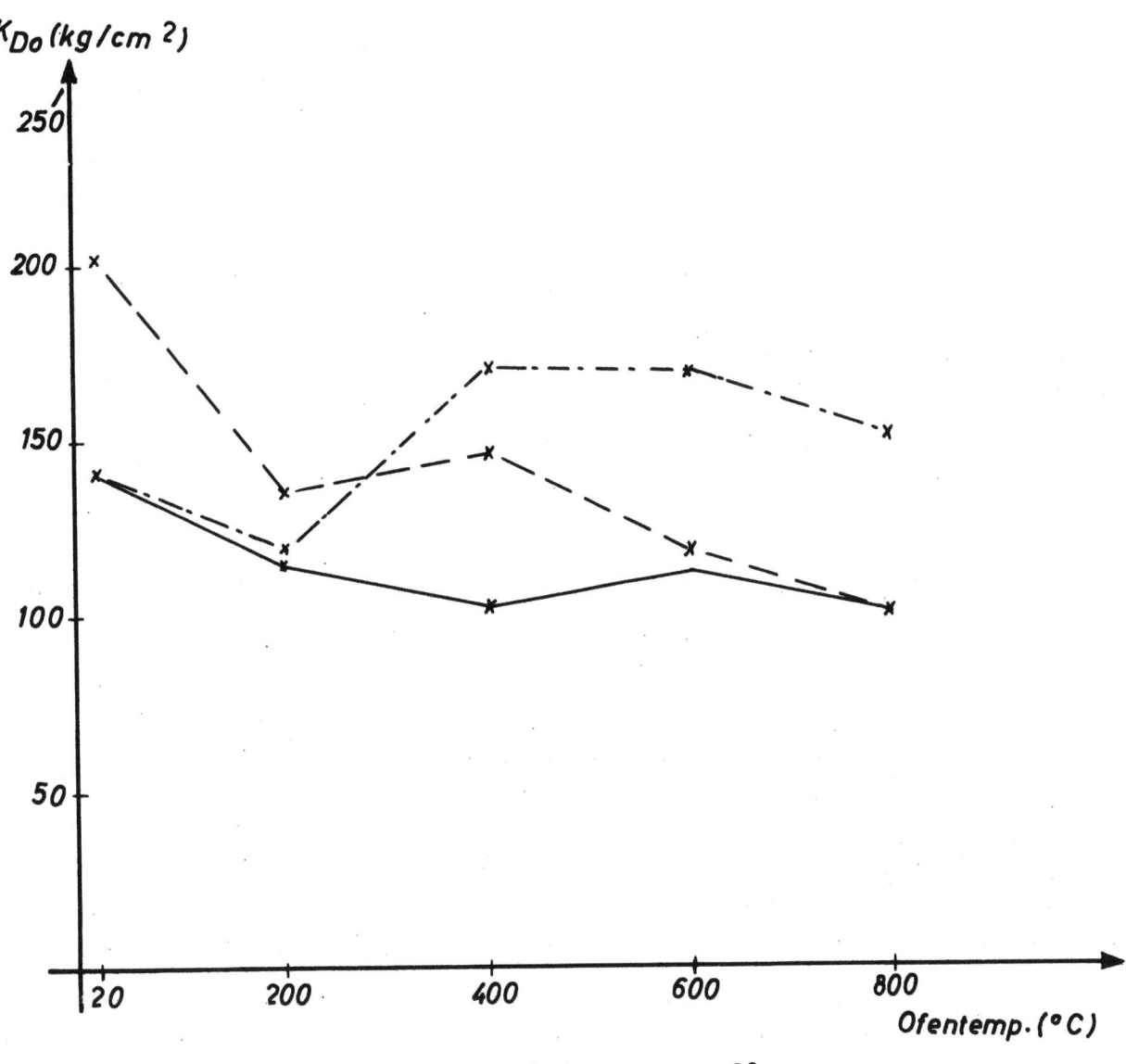

Abbildung 29

Reduzierte Druckfestigkeit in Abhängigkeit von der
Ofentemperatur bei Braunkohlenanteilen von

12 g —·—·—   16 g — — —   20 g ———
Preßdruck: 3000 kg/cm^2, Lagerzeit: 20 Min.
Mischung: Rohspatschlamm, Braunkohle, $Ca(OH)_2$

die absoluten Warmdruckfestigkeiten liegen. Eine gute Warmdruckfestigkeit wird vornehmlich durch die Rohstoffbeschaffenheit und nicht durch größere Verdichtungsarbeit bedingt. Die Lagerzeit beeinflußt die Festigkeit der Möllerbriketts bei den verschiedenen Braunkohlenanteilen recht unterschiedlich. Die Kaltdruckfestigkeiten der Möllerbriketts mit 12 g Braunkohlenanteil sinken zunächst bis zu 24 Stunden Lagerzeit, um sich bis zu

Forschungsberichte des Wirtschafts- und Verkehrsministeriums Nordrhein-Westfalen

48 Stunden wieder leicht zu verbessern, ohne dabei aber die Ausgangsfestigkeit - nach 20 Minuten Lagerzeit - zu erreichen. Bei den Warmdruckfestigkeiten ist es genau umgekehrt. Diese steigen bis zu 24 Stunden Lagerzeit, um sich bei weiterer Lagerung wieder zu erniedrigen. Diese Steigung ist bei 2000 kg/cm^2 Preßdruck und noch eindeutiger bei Möllerbriketts, die bei 3000 kg/cm^2 hergestellt wurden, zu erkennen.

Bei einem Braunkohlenanteil von 20 g tritt dagegen durch die Lagerung von 24 Stunden eine Verringerung sowohl der Kalt- als auch der Warmdruckfestigkeit ein, die sich durch eine 48-stündige Lagerung im allgemeinen noch verstärkt.

Die unterschiedliche Auswirkung der Lagerzeit auf die Festigkeit der Briketts bei verschiedenen Braunkohlenanteilen kommt dadurch zustande, daß mit zunehmender Braunkohlenmenge die schädigende Wirkung durch Wasseraufnahme und Quellung steigt.

3.53 Änderung des Kalkhydratanteiles

Da das Doggererz an Kalk gebunden vorliegt, sind in möllergerechter Mischung nur 3 g Kalkhydrat als Zugabe für das 60 g-Möllerbrikett notwendig. Diese Mischung gewährleistet (s. Abschn. 3.44) keine genügende Warmdruckfestigkeit. Es sollte durch eine weitere Versuchsreihe geklärt werden, ob diese schlechte Ofenstandfestigkeit in der Beschaffenheit des Erzes begründet liegt oder durch verstärkte Beigabe von basischen Zuschlagstoffen verbessert werden kann. Zu diesem Zwecke wurden Möllerbriketts mit 6 g und 9 g Kalkhydratzugabe hergestellt und mit Werten der möllergerechten Mischung (3 g $Ca(OH)_2$) verglichen. Die nach 20 Minuten Lagerzeit unter 2000 kg/cm^2 Preßdruck erhaltenen Druckfestigkeiten sind in Abhängigkeit von der Prüftemperatur in Abbildung 30 und die unter 3000 kg/cm^2 in Abbildung 31 aufgetragen.

Aus beiden Diagrammen ist ersichtlich, daß durch Vergrößerung der Kalkhydratzugabe von 5 auf 10 %, nämlich 3 auf 6 g, die Warmdruckfestigkeiten in einem Ausmaß gesteigert werden können, daß die Möllerbriketts genügende Ofenstandsfestigkeiten für den Einsatz im Niederschachtofen aufweisen. Eine weitere Erhöhung des $Ca(OH)_2$-Anteiles auf 15 %, 9 g von 60 g Gesamteinwaage, verursacht eine weitere Steigerung der Warmdruckfestigkeiten. Die dabei auftretende Abnahme der Kaltdruckfestigkeit, welche durch

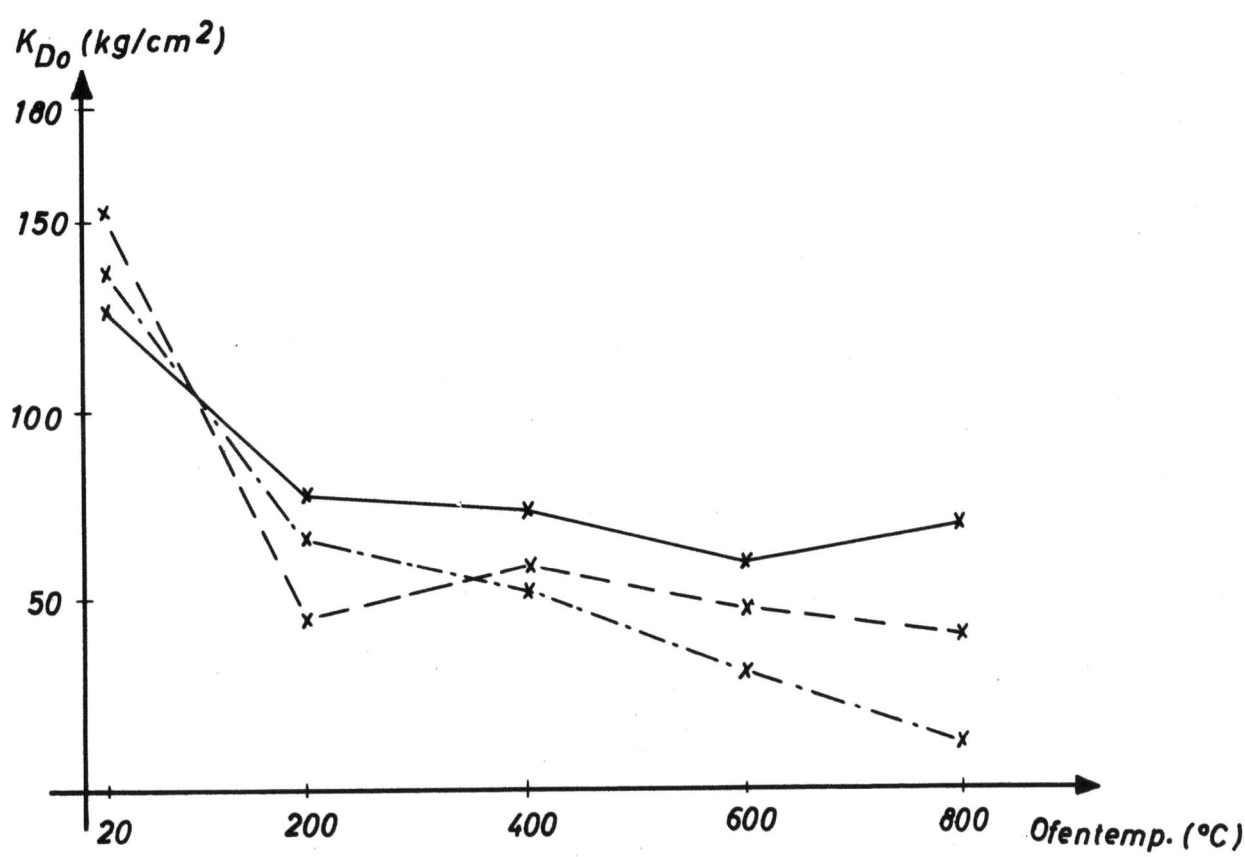

Abbildung 30
Reduzierte Druckfestigkeit in Abhängigkeit
von der Ofentemperatur

Bei $Ca(OH)_2$-Anteilen von 3 g —·—· 6 g ——— 9 g ———
Preßdruck: 2000 kg/cm^2, Lagerzeit: 20 Min.
Mischung: Doggererz, Braunkohle, $Ca(OH)_2$

die Verringerung des Braunkohlenanteiles verursacht wird, ist nicht von Bedeutung, da die absolute Kaltdruckfestigkeit den Anforderungen noch bei weitem genügt. Eine Lagerung von 24 - 48 Stunden ruft bei 3 g $Ca(OH)_2$ Anteil durchweg eine Festigkeitsminderung hervor. Bei 6 g Kalkhydratzugabe liegen zwar die Kaltdruckfestigkeiten unter den Ausgangswerten, doch die nach 24 Stunden gemessenen Warmdruckfestigkeiten übertreffen diese um 10 - 14 kg/cm^2. Dabei ist die Festigkeitssteigerung bei den unter 2000 kg/cm^2 Preßdruck hergestellten Briketts geringer als bei den unter 3000 kg/cm^2 erzeugten. Bei Möllerbriketts von 9 g Kalkhydratanteil übertreffen bei 3000 kg/cm^2 Preßdruck sogar die nach 48 Stunden ermittelten Warmdruckfestigkeiten die Ausgangswerte, während bei 2000 kg/cm^2 die Warm-

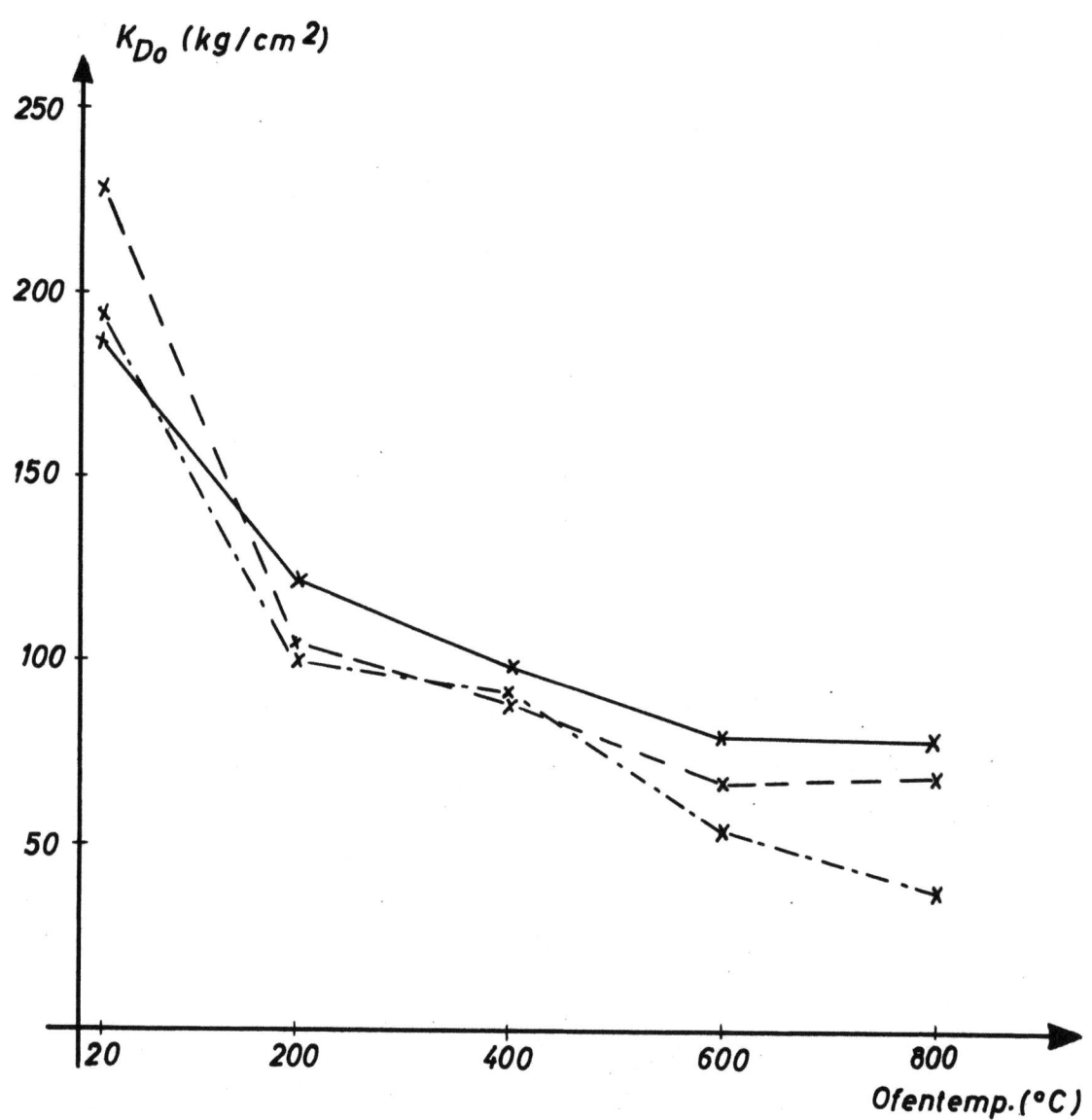

Abbildung 31
Reduzierte Druckfestigkeit in Abhängigkeit
von der Ofentemperatur
Bei $Ca(OH)_2$-Anteilen von 3 g —·—· 6 g — — — 9 g ———
Preßdruck: 3000 kg/cm², Lagerzeit: 20 Min.
Mischung: Doggererz, Braunkohle, $Ca(OH)_2$

druckfestigkeiten der gelagerten Briketts um die Ausgangswerte streuen.

Allgemein kann also gesagt werden, daß innerhalb des untersuchten Bereiches die Lagerungsfähigkeit der Briketts mit zunehmendem Kalkhydratanteil steigt, wobei die Zunahme bei 3000 kg/cm² größer als bei 2000 kg/cm² ist.

3.54 Änderung der Erzkorngröße

In Abschnitt 3.41 sind Versuche mit Möllerbriketts beschrieben, die unter Verwendung von Feinrohspat in der Korngröße kleiner als 1 mm durchgeführt wurden. Dabei hatten sich meist ungenügende Ofenstandfestigkeiten der Möllerbriketts ergeben. Um ersehen zu können, ob diese Tatsache durch die verhältnismäßig grobe Erzkörnung zu erklären ist, wurde in einer weiteren Versuchsreihe unter Wahrung der chemischen Zusammensetzung der Feinrohspat auf 100 % kleiner als 60 μ nachzerkleinert. Die Möllerbriketts, die sowohl unter 2000 als auch unter 3000 kg/cm^2 Preßdruck hergestellt waren, wurden nach 20 Minuten Lagerzeit bei den üblichen Temperaturen geprüft. In Abbildung 32 sind die Kalt- und Warmdruckfestigkeiten der Möllerbriketts aus nachzerkleinertem Feinrohspat denen der mit normaler Körnung erhaltenen gegenübergestellt. Daraus ist zu ersehen, daß die Nachzerkleinerung des Erzes eine Verminderung der Kaltdruckfestigkeit bedingt und außerdem bereits bei 600° C zu einem vollkommenen Abfall der Warmdruckfestigkeitswerte führt. Dies trifft sowohl für 2000 als auch für 3000 kg/cm^2 Preßdruck zu. Ähnliche Ergebnisse wurden bereits bei einer Erzbrikettierung (Braunkohle-Feinrohspat) [18] gefunden und können folgendermaßen gedeutet werden:

Das Erz verhält sich bei der Herstellung von Möllerbriketts passiv. Während bei einer groben Korngröße die einzelnen Erzkörner von einem starken Gerüst aus Braunkohle und Kalkhydrat umgeben sind, welches eine gute Kalt- bzw. Warmdruckfestigkeit gewährleistet, erlaubt ein sehr feines Erz, was gleichmäßig im Brikettiergemisch verteilt ist, nicht die Bildung eines tragfähigen Gerüstes. Ohne Veränderung der chemischen Zusammensetzung bewirkt also eine Nachzerkleinerung zumindest bei diesem Erz und im untersuchten Bereich eine Verschlechterung der Festigkeiten der Möllerbriketts.

3.55 Veränderung der Braunkohlenkorngröße

Während bei allen anderen Untersuchungen die Braunkohle in der Korngröße von 1 - 0 mm vorlag, wurde bei den folgenden Versuchen die Braunkohlenkorngröße mit 2 - 1 mm gewählt, um durch ein extremes Beispiel einen etwaigen Einfluß des Feinstkorns auf die Brikettgüte feststellen zu können. In den Abbildungen 33 und 34 sind die Kalt- und Warmdruckfestigkeiten der bei 2000 und 3000 kg/cm^2 Preßdruck hergestellten Möllerbriketts für die verschiedenen Lagerzeiten in Abhängigkeit von der Prüftemperatur aufgetra-

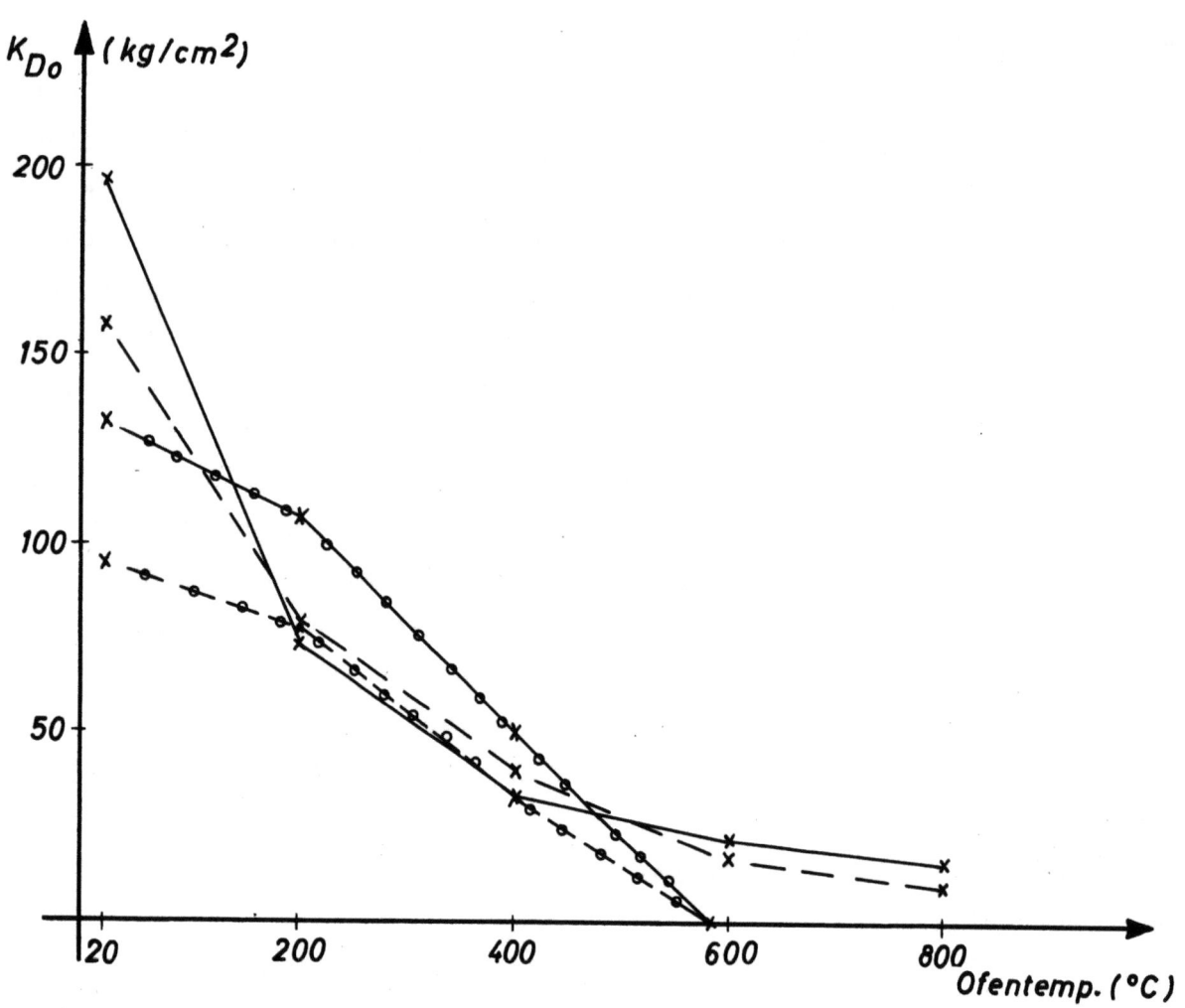

Abbildung 32

Reduzierte Druckfestigkeit in Abhängigkeit
von der Ofentemperatur

	Körnung des Erzes	
	normal	nachzerkl.
Preßdrücke: 3000 kg/cm²	———	—o—o—o—
2000 kg/cm²	— — —	—o—o—o—

Lagerzeit: 20 Min., Mischung Feinrohspat, Braunkohle, $Ca(OH)_2$

gen. Die Möllerbriketts wurden aus einer Mischung von 27 g Rostspatstaub, 21 g Braunkohle (8%) und 12 g Kalkhydrat erzeugt. Aus Abbildung 33 ist zu entnehmen, daß sowohl bei 2000 als auch bei 3000 kg/cm² Preßdruck die Kaltdruckfestigkeit dieser Briketts mit Vergrößerung der Lagerzeit abnimmt. Der durch die Lagerung hervorgerufene Abfall der Warmdruckfestig-

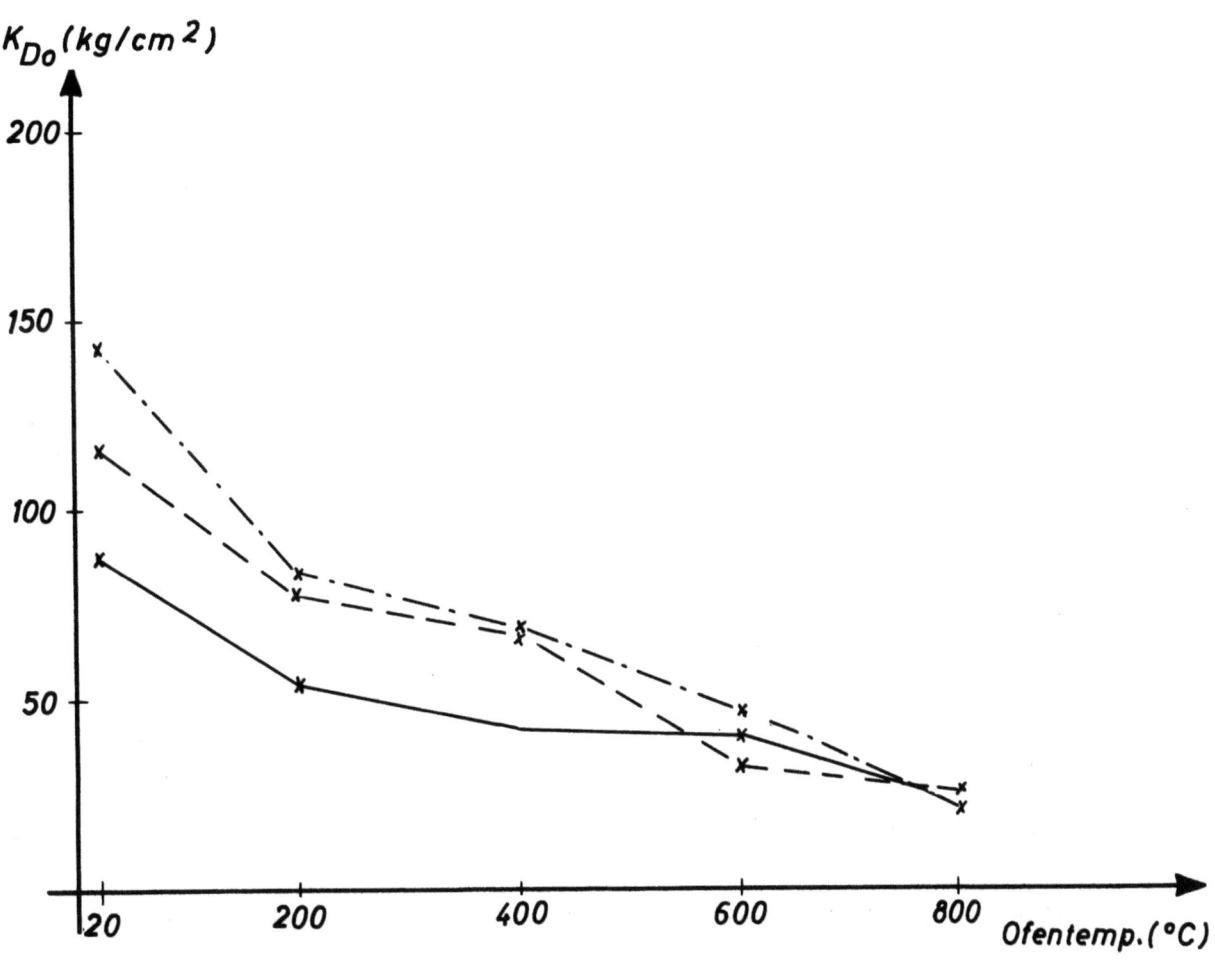

Abbildung 33

Reduzierte Druckfestigkeit in Abhängigkeit von der
Ofentemperatur nach Lagerzeiten von

20 Min. —·—·— 24 Std. — — —   48 Std. ———

Preßdruck: 2000 kg/cm^2, Braunkohlenkorngröße: 1-2 mm

Mischung: Rostspatstaub, Braunkohle, $Ca(OH)_2$

keit wird jedoch mit Erhöhung der Prüftemperatur immer geringer. Bei der Lagerung an der Atmosphäre werden vornehmlich die Wasserbindungskräfte verringert, welche für die Ofenstandfestigkeit der Preßlinge von untergeordneter Bedeutung sind.

In Abbildung 35 und 36 sind die Gütewerte der Möllerbriketts in Abhängigkeit von der Prüftemperatur eingezeichnet, die bei gleicher chemischer Zusammensetzung der Mischung unter Verwendung der Braunkohlenkornklassen 1 - 0 oder 2 - 1 mm bei einer Lagerzeit von 20 Minuten ermittelt wurden.

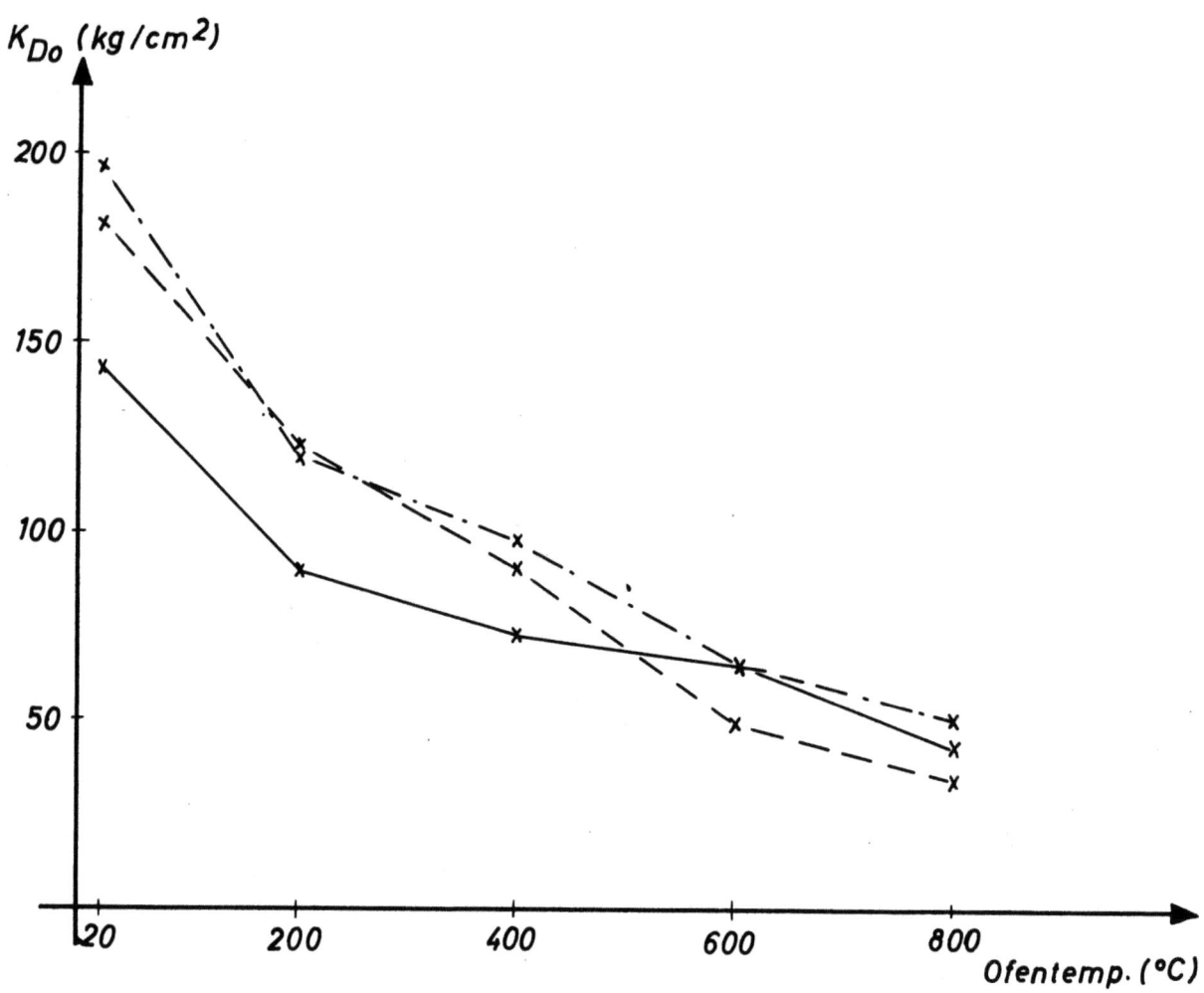

Abbildung 34

Reduzierte Druckfestigkeit in Abhängigkeit von der
Ofentemperatur nach Lagerzeiten von
20 Min. —·—·— 24 Std. — — —   48 Std. ———
Preßdruck: 3000 kg/cm², Braunkohlenkorngröße: 1-2 mm
Mischung: Rostspatstaub, Braunkohle, $Ca(OH)_2$

Ein Vergleich zwischen den Gütewerten der Möllerbriketts aus unterschiedlichen Braunkohlenkorngrößen läßt erkennen, daß ein Grobkornbrikett im Verhältnis zum Möllerbrikett mit Braunkohlenanteil von der Korngröße 1-0 mm mit Erhöhung der Ofentemperatur einen immer größer werdenden Festigkeitsverlust erleidet.

Auf Grund dieser Versuchsergebnisse kann man sagen, daß der Verwendung des Braunkohlenfeinkornes von 1 - 0 mm der Vorzug zu geben ist. Grobe

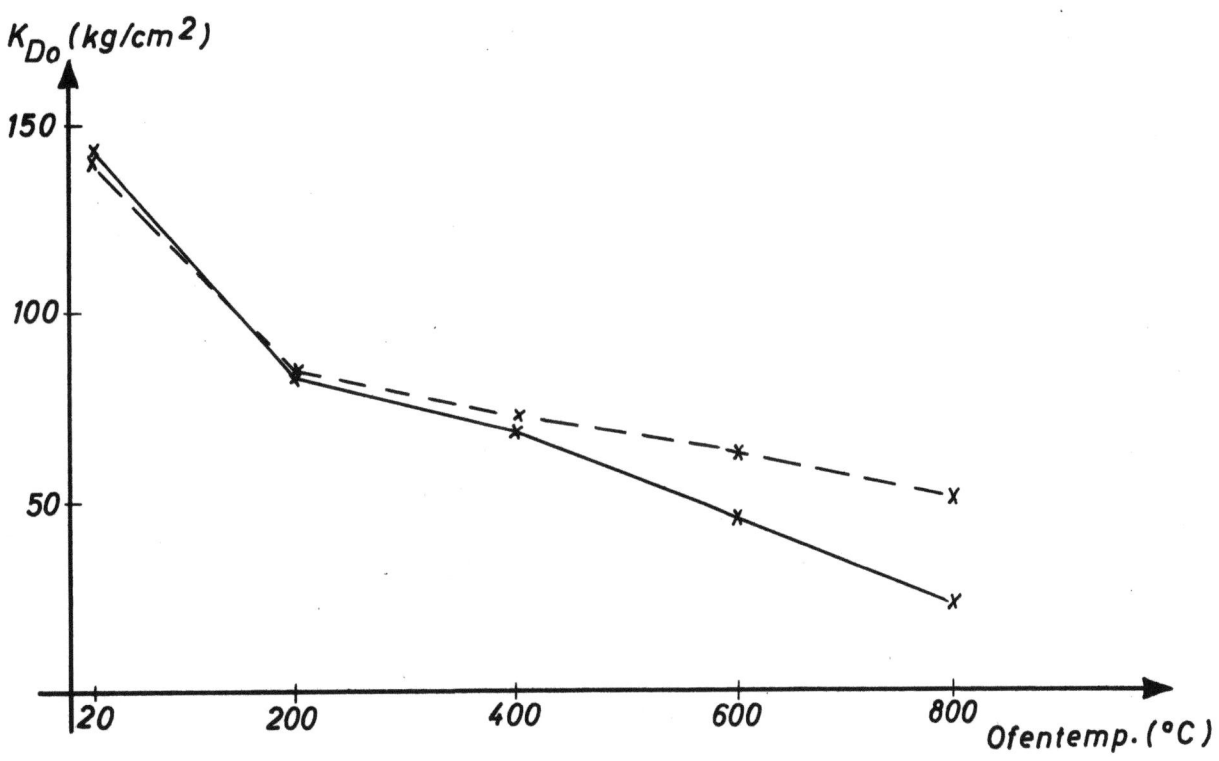

Abbildung 35
Reduzierte Druckfestigkeit in Abhängigkeit von der
Ofentemperatur bei Braunkohlenkorngrößen von
0 - 1 mm — — —   1 - 2 mm ———
Preßdruck: 2000 kg/cm^2, Lagerzeit: 20 Min.
Mischung: Rostspatstaub, Braunkohle, $Ca(OH)_2$

Braunkohlenkörner schaffen durch ihren Verlust an Volumen und Wasserbindungskräften während der Entwässerung und Entgasung große Fehlstellen im Brikettgefüge, die mit steigender Erhitzung immer stärker gütemindernd wirken.

3.56 Änderung des SiO_2-Anteils im Möllerbrikett

Diese Versuchsreihe sollte Aufschluß darüber geben, inwieweit eine Vergrößerung des Kieselsäuregehaltes der Mischung und der damit zwangsläufig verbundenen Erhöhung der Kalkzugabe die Ofenstandfestigkeit eines Möllerbriketts beeinflußt. Als Erz wurde Magnetitschlich gewählt, welcher sich bei den Untersuchungen (Abschn. 3.43) als sehr schwierig verwendbar herausgestellt hatte, da die Ofenstandsfestigkeit dieser Möllerbriketts im

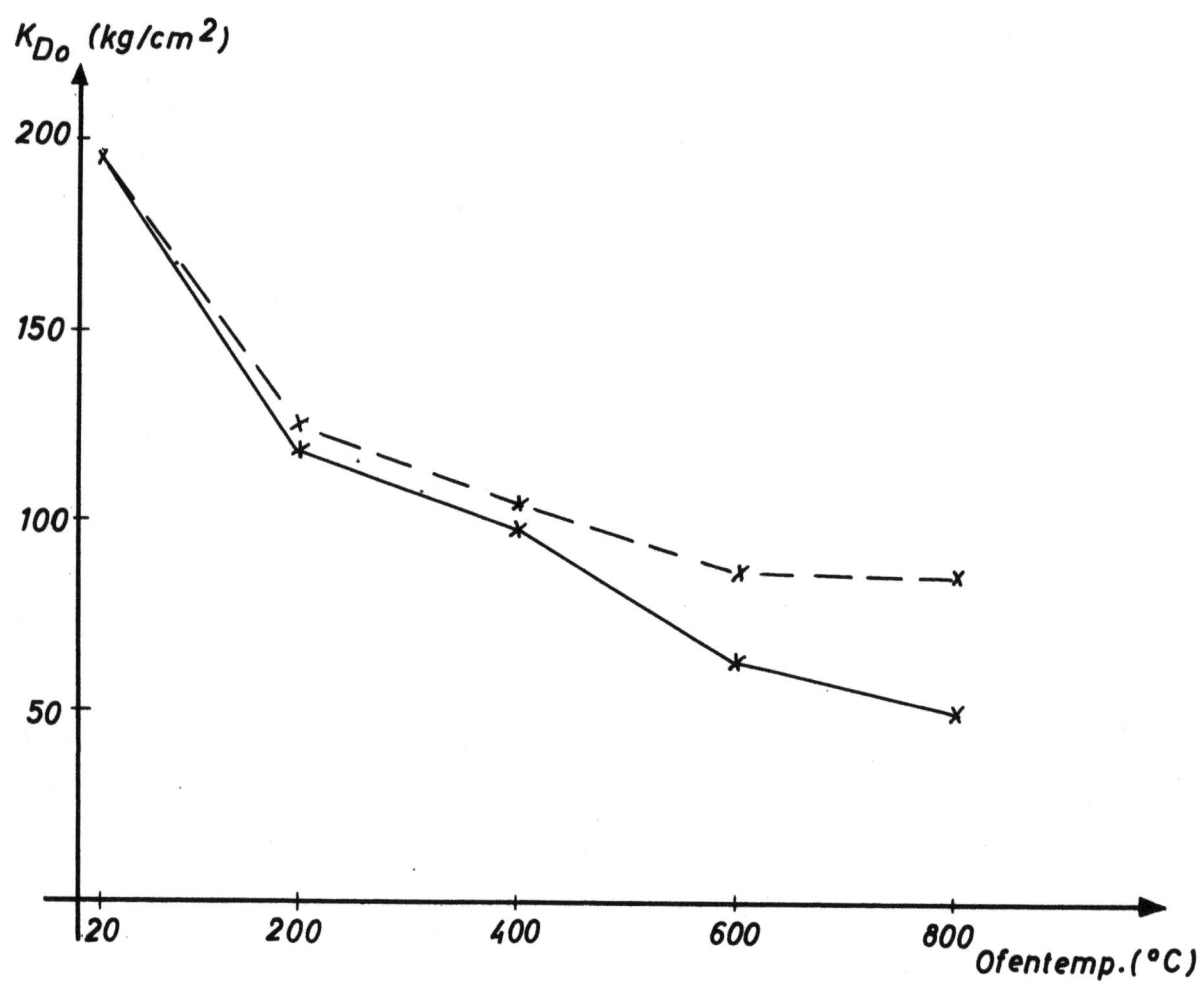

Abbildung 36

Reduzierte Druckfestigkeit in Abhängigkeit von der
Ofentemperatur bei Braunkohlenkorngrößen von

0 - 1 mm — — —   1 - 2 mm ———

Preßdruck: 3000 kg/cm^2, Lagerzeit: 20 Min.

Mischung: Rostspatstaub, Braunkohle, Ca(/H)$_2$

Bereich zwischen 600 und 800° C auf ungenügende Werte abfiel. Es wurden die Gütewerte von Möllerbriketts folgender Mischung einander gegenübergestellt:

	Mischung (g)		
	I	II	III
Magnetitschlich (ohne SiO$_2$-Gehalt)	26,7	25,8	24,4
Braunkohle	25	23,5	22
Gesamt SiO$_2$-Gehalt	2,3	3,2	4,1
Kalkhydrat-Anteil	6	7,5	9,5

Während der Kieselsäuregehalt der Mischung I mit 2,3 g durch den Erzanteil eingebracht wurde, ist der SiO_2-Gehalt der Mischungen II und III durch die Zugabe von 1 g bzw. 2 g Quarzsand erhöht, welcher in der Korngröße mit 100 % unter 60 μ lag. In den Abbildungen 37 und 38 sind die Kalt- und Warmdruckfestigkeiten der mit 2000 und 3000 kg/cm² Preßdruck mit verschiedenen SiO_2-Anteilen erzeugten Möllerbriketts einander gegenübergestellt.

Durch die Vergrößerung der SiO_2- und $Ca(OH)_2$-Anteile werden die Kaltdruckfestigkeiten beträchtlich erhöht. Bei zunehmenden Prüftemperaturen wird der Unterschied in der Warmdruckfestigkeit zwischen den Briketts verschiedener Mischung immer geringer. Bei 600° C liegen die Gütewerte der Mischung II und III sogar niedriger als die der Mischung I. Der starke Abfall oberhalb von 600° C tritt aber bei Möllerbriketts mit erhöhtem SiO_2-Anteil nicht auf; hier bleiben bei 800° C die Warmdruckfestigkeiten etwa auf der gleichen Höhe wie bei 600° C oder steigen sogar noch an. Dadurch bewahren die Möllerbriketts, die unter 2000 kg/cm² bei 2 g Quarzzugabe und unter 3000 kg/m² Preßdruck bei 1 und 2 g Quarzzugabe erzeugt wurden, eine Ofenstandfestigkeit, welche sie als Einsatzgut für die Schwelverhüttung geeignet macht.

Dies zeigt, daß selbst Erze, die auf Grund ihrer Beschaffenheit spät und wenig fritten, bei einem höheren Kieselsäuregehalt und der damit verbundenen Möglichkeit eines großen Kalkhydratzusatzes für dieses Verfahren herangezogen werden können. Für eine gute Ofenstandfestigkeit ist vornehmlich der Kalkhydratanteil im Möllerbrikett ausschlaggebend.

3.6 Untersuchungen mit Mischbriketts

3.60 Allgemeines

Nachdem sich in den vorangegangenen Untersuchungen ergeben hatte, daß Möllerbriketts aus einigen Erzen, wie z.B. Doggererz oder Feinrohspat, wegen der nur geringen Zusatzmengen an notwendigem Kalkhydrat schlechte Ofenstandfestigkeit aufweisen, andererseits aber andere Erze (z.B. Rohspatschlamm und Rostspatstaub) bei hohen Kieselsäuregehalten und geringen Metallmengen gute Ofenstandfestigkeiten der Briketts ergeben, lag es nahe, Erzmischungen herzustellen, welche die Vor- und Nachteile der verschiedenen Erzsorten einander angleichen. Es wurden daher im folgenden Erzmi-

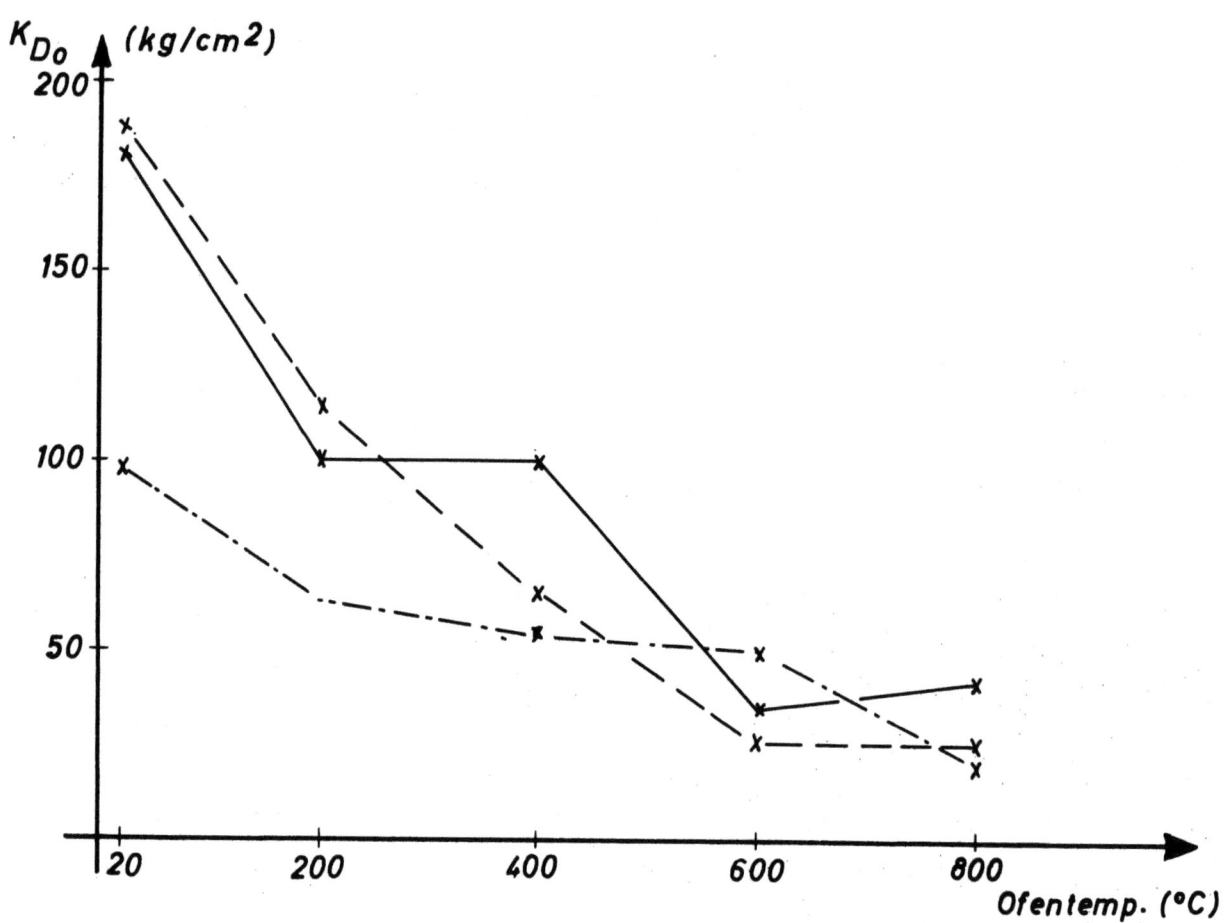

Abbildung 37

Reduzierte Druckfestigkeit in Abhängigkeit von der
Ofentemperatur bei SiO_2-Anteilen von

3,8 % —·—·—   5,3 % — — —   6,8 % ———

Preßdruck: 2000 kg/cm^2, Lagerzeit: 20 Min.

Mischung: Magnetitschlich, Braunkohle, $Ca(OH)_2$, SiO_2

schungen hergestellt, in denen das eine Erz sehr kieselsäurereich war und eine gute Ofenstandfestigkeit der Möllerbriketts gewährleistet, das andere Erz einen geringen SiO_2-, aber einen hohen Metallgehalt mitbrachte und schlechte Ofenstandfestigkeiten der Briketts ergab.

3.61 Mischbriketts aus Doggererz und Rohspatschlamm

Zunächst wurde Doggererz im Gewichtsverhältnis von 50 : 50 mit Rohspatschlamm gemischt. Die entsprechenden Möllerbriketts hatten folgende Zusammensetzung:

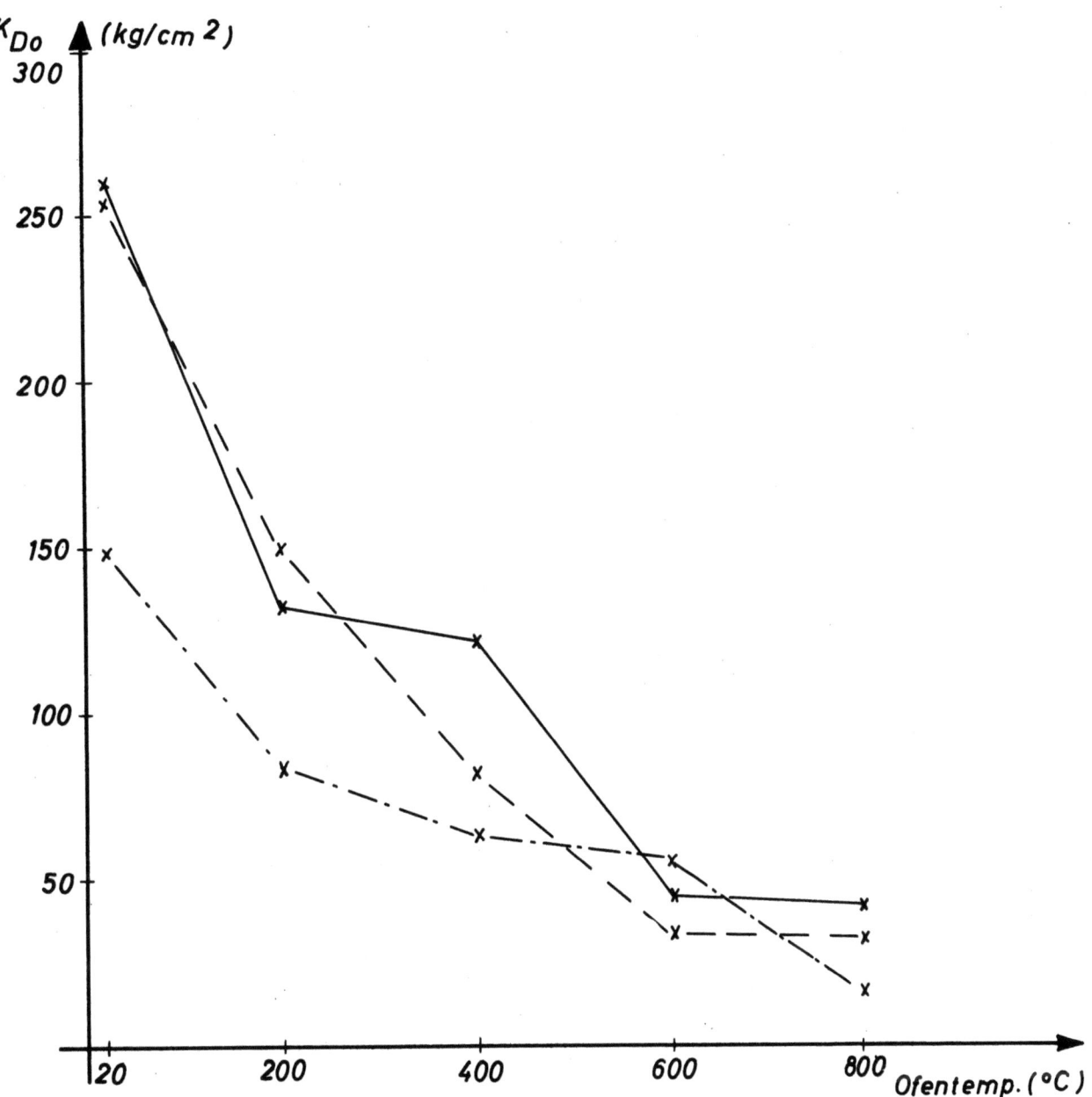

Abbildung 38

Reduzierte Druckfestigkeit in Abhängigkeit von der
Ofentemperatur bei SiO_2-Anteilen von

3,8 % —·—·—   5,3 % — — —   6,8 % ———

Preßdruck: 3000 kg/cm², Lagerzeiten: 20 Min.

Mischung: Magnetitschlich, Braunkohle, $Ca(OH)_2$

> Kalkhydrat 10 g
> Braunkohle 16 g
> Rohspatschlamm 17 g
> Doggererz 17 g

Bei dem Versuch wurden die Möllerbriketts, die unter 2000 und 3000 kg/cm^2 Preßdruck hergestellt waren, nach 20 Minuten Lagerzeit bei den üblichen Prüftemperaturen auf ihre Güte untersucht (s. Abb. 39).

Die unter beiden Preßdrücken erzeugten Möllerbriketts weisen eine ausreichende Kaltdruckfestigkeit und selbst bei 800° C mit 67 bzw. 78 kg/cm^2 Druckfestigkeit eine weitaus genügende Ofenstandfestigkeit auf.

Dieses Ergebnis spricht dafür, daß selbst bei geringerem Zusatz von kieselsäurehaltigem Rohspatschlamm zum Doggererz noch ofenstandfeste Briketts zu erhalten sind.

3.62 Mischbriketts aus Doggererz und Rostspatstaub

Nachdem Möllerbriketts aus Doggererz und Rohspatschlamm (20,2 % SiO$_2$) so gute Warmdruckfestigkeiten aufgewiesen hatten, sollte in einer weiteren Versuchsreihe untersucht werden, ob der Zusatz von Rostspatstaub (13,3 % SiO$_2$) zum Doggererz auch schon ofenstandfeste Briketts ergibt. Unter Berücksichtigung des geringen Kieselsäuregehaltes wurden die Erze nicht im Verhältnis 1 : 1, sondern im Verhältnis 1 Teil Doggererz zu 2 Teilen Rostspatstaub gemischt. In möllergerechten Anteilen lag im Brikett folgende Zusammensetzung vor:

> Braunkohle 21,0 g
> Kalkhydrat 7,5 g
> Doggererz 10,5 g
> Rostspatstaub 21,0 g

Die Kaltdruckfestigkeiten (s. Abb. 40) dieser Möllerbriketts liegen um 10 bis 20 kg/cm^2 nur wenig niedriger als die der Mischbriketts, die mit Doggererz und Rohspatschlamm hergestellt wurden (vgl. Abb. 39). Jedoch bei Prüftemperaturen oberhalb von 200° C findet keine Wiederverfestigung statt, sondern die Warmdruckfestigkeiten fallen mit Erhöhung der Ofentemperatur stetig weiter ab und erreichen bei 800° C Gütewerte, die mit 31 kg/cm^2 bei 2000 kg/cm^2 Preßdruck und 45 kg/cm^2 bei 3000 kg/cm^2 nur knapp die für die Schwelverhüttung erforderlichen Druckfestigkeiten erreichen.

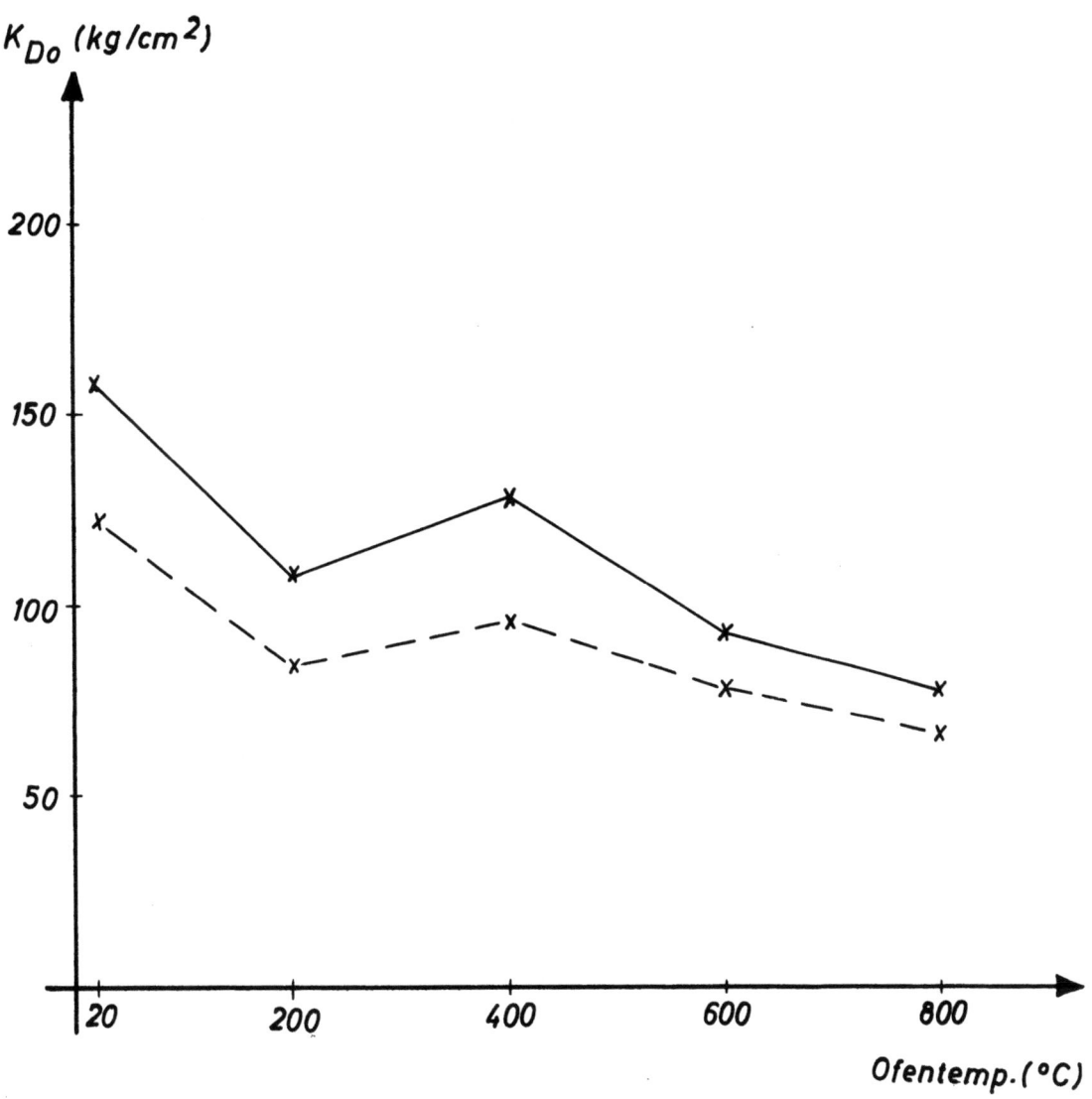

Abbildung 39
Reduzierte Druckfestigkeit in Abhängigkeit von der
Ofentemperatur bei Preßdrücken von
2000 kg/cm² — — —   3000 kg/cm² ———
Lagerzeit: 20 Min.

Mischbriketts aus: Rohspatschlamm, Doggererz, Braunkohle, $Ca(OH)_2$

Während bei den unter 361 beschriebenen Versuchen in den Möllerbriketts 10 g = 16,6 % Kalkhydrat beigegeben wurde, waren es bei den Mischbriketts aus Doggererz und Rostspatstaub nur 7,5 g = 12,5 %. Aus den Versuchsergebnissen ist zu ersehen, daß dieser Anteil an $Ca(OH)_2$ zur Erlangung eines ofenstandfesten Briketts gerade noch ausreicht.

Forschungsberichte des Wirtschafts- und Verkehrsministeriums Nordrhein-Westfalen

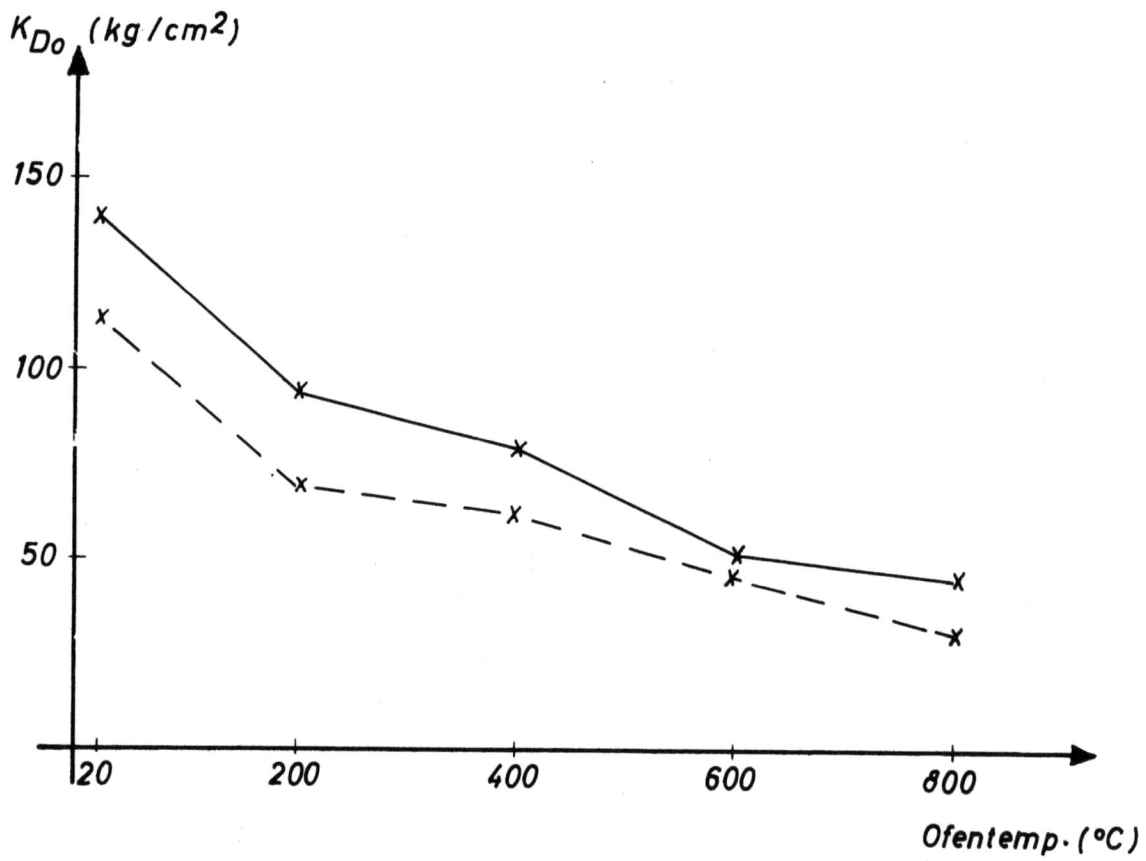

Abbildung 40

Reduzierte Druckfestigkeit in Abhängigkeit von der
Ofentemperatur bei den Preßdrücken von

2000 kg/cm² — — —   3000 kg/cm² ———

Lagerzeit: 20 Min.

Mischbriketts aus: Rostspatstaub, Doggererz, Braunkohle, $Ca(OH)_2$

3.63 Mischbriketts mit Feinrohspat und Rohspatschlamm

In den folgenden Untersuchungen wurde der kieselsäurereiche Rohspatschlamm mit dem Feinrohspat gemischt brikettiert. Der Feinrohspat ist ein Setzkonzentrat und enthält bei 44 % Metall (Fe + Mn) nur 3,28 % SiO_2. Allein verpreßt hatte er keine ofenstandfesten Möllerbriketts ergeben (s. Abschn. 3.41).

Die Mischung bestand aus:

                Braunkohle   19,0 g
                Kalkhydrat   9,0 g

Feinrohspat 17,5 g

Rohspatschlamm 14,5 g

Nach der Gattierung betrug der Kieselsäuregehalt der Erzmischung (Feinrohspat und Rohspatschlamm) 11,2 % und der Metallgehalt 38 %. Die verhüttungstechnisch und wirtschaftlich ungünstige Zusammensetzung des Rohspatschlammes mit 20,6 % SiO_2 und 30,5 % Metall war hierbei durch die Werte des Feinrohspates verbessert. Die Verschlechterung der Metall- und SiO_2-Gehalte des Feinrohspates kann als durchaus ausgeglichen angesehen werden, da der durch die Mischung notwendig gewordene höhere Kalkhydratanteil den Feinrohspat für die bindemittellose Brikettierung und auch die Schwelverhüttung geeignet macht.

Die Gütewerte dieser Möller-Mischbriketts, die nach 20 Minuten Lagerzeit und 2000 und 3000 kg/cm^2 Preßdruck bei den üblichen Prüftemperaturen erhalten wurden, sind in Abbildung 41 niedergelegt. Die Kaltdruckfestigkeit ist bei beiden Preßdrücken mit 118 bzw. 242 kg/cm^2 voll ausreichend.

Bei der Trocknung bis 200° C erleiden die Briketts eine starke Minderung der Druckfestigkeit, um sich dann bei der Erhitzung auf 400° C wieder zu verfestigen. Der Kalkhydratanteil ist also hier mit 15 % der Gesamteinwaage so groß, daß die durch ihn bewirkte Festigkeitssteigerung von größerem Ausmaß ist als die durch die Entgasung hervorgerufene Schädigung. Bis zu 800° C Prüftemperatur fällt die Ofenstandfestigkeit wieder ab. Dabei ist das Ausmaß der Verringerung der Festigkeit bei den unter 3000 kg/cm^2 Preßdruck hergestellten Möllerbriketts größer als bei denen, die mit 2000 kg/cm^2 gepreßt wurden.

Die Warmdruckfestigkeiten liegen selbst bei 800° C noch bei 52 bzw. 75 kg/cm^2 und genügen somit den Anforderungen der Schwelverhüttung.

3.7 Schlußbetrachtung, Verfahrensvorschlag und Kostenvergleich

Die Versuchsergebnisse beweisen, daß feinkörnige Erze unter Zusatz von Weichbraunkohle und Kalkhydrat bindemittellos zu Möllerbriketts verpreßt werden können, deren Ofenstandfestigkeit den Beanspruchungen des Niederschachtofens genügt, wenn die Rohstoffe oder das Mischungsverhältnis bestimmten Anforderungen entsprechen. Allgemein kann man sagen, daß ein minderwertiges feinkörniges Erz mit einem hohen Kieselsäure- und einem

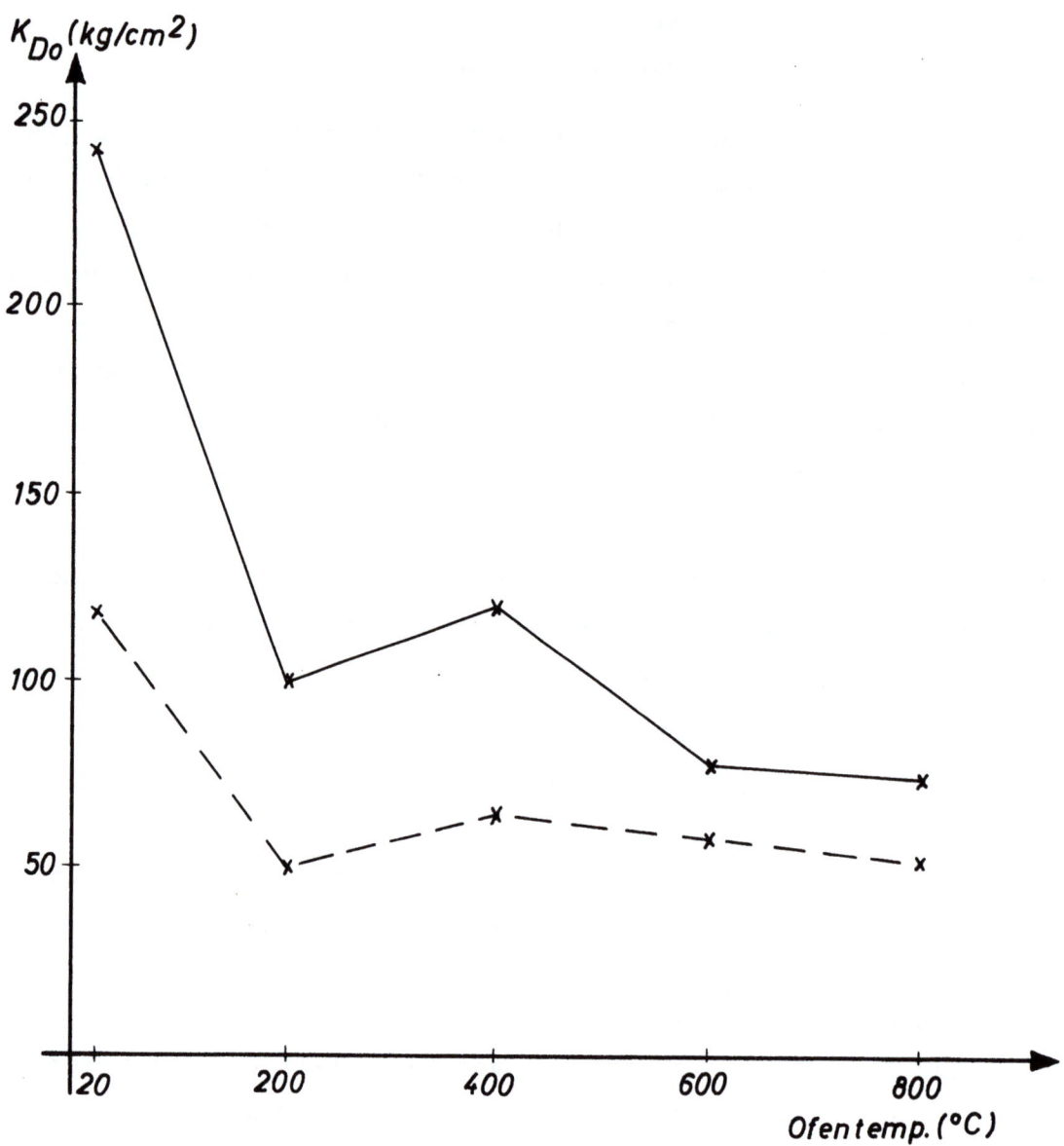

Abbildung 41

Reduzierte Druckfestigkeit in Abhängigkeit von der
Ofentemperatur bei Preßdrücken von
2000 kg/cm² — — —   3000 kg/cm² ———
Lagerzeit 20 Min.

Mischbriketts aus: Rohspatschlamm, Feinrohspat,
Braunkohle, $Ca(OH)_2$

geringen Metallgehalt die beste Ofenstandfestigkeit gewährleistet. Dies ist folgendermaßen zu erklären:

1. Ein hoher SiO_2-Gehalt benötigt zum Erreichen des notwendigen Basengrades in der Schlacke einen hohen Kalkhydratzusatz. Das Kalkhydrat ist aber der Mischungsbestandteil, welcher bei hohen Temperaturen durch eine
2. starke Gerüstbildung die Ofenstandfestigkeit der Briketts bewirkt. Wodurch chemisch oder physikalisch diese Verfestigung des Kalkhydrates hervorgerufen wird, kann eindeutig nicht geklärt werden. Die

a) Möglichkeit, daß durch eine Kalksandsteinbildung die Festigkeit entscheidend beeinflußt wird, ist nicht anzunehmen, da dieser Vorgang nur unter Anwesenheit von Wasser vor sich gehen kann. Bei höheren Temperaturen ist dieses aber bestimmt nicht vorhanden. Darüber hinaus wäre auch durch eine Kalksandsteinbildung nicht zu deuten, wie bei gleichem Quarzanteil mit Erhöhung der Kalkhydratzugabe eine höhere Festigkeit der Preßlinge eintreten könnte, denn das in den Möllerbriketts normalerweise vorhandene Kalkhydrat übersteigt die zur Kalksandsteinbildung erfahrungsgemäß notwendige Menge bereits etwa um das Vierzigfache.

b) Auch durch Bildung von $CaCO_3$ nach CO_2-Aufnahme aus der Atmosphäre kann die Verfestigung nicht hinreichend Erklärung finden, sie tritt nämlich auch dann ein (s. Abschn. 3.2), wenn die Erhitzung von Kalkhydratbriketts (ohne Anwesenheit von Kohle und Erz) in Stickstoffatmosphäre durchgeführt wird. Darüber hinaus weisen Möllerbriketts, deren Erzanteil aus Rohspat besteht (s. z.B. Abschn. 3.41), bei welchen also bei höheren Temperaturen CO_2 frei wird, keine größere Festigkeit auf. Es ist bekannt, daß eine Erhöhung der Festigkeit von Preßlingen durch die Bildung von

c) $CaSO_4$ eintreten kann. Der Schwefelgehalt ist aber sowohl in der rheinischen Braunkohle als auch in den Erzen sehr gering und erlaubt nicht das Auftreten einer namhaften Menge Gips, auf Grund dessen die Verfestigung zurückgeführt werden könnte.

Von anderer Stelle [20] wurden röntgenographische, mikroskopische und chemische Untersuchungen durchgeführt, die klären sollten, worauf die Verfestigung von Fe_2O_3-Kalkhydrat oder Fe_2O_3-Ton-Kalkhydratgemischen beruhen können.

d) Die Bildung von Kalziumsilikaten
e) und Ferrithydraten konnte durch kein Untersuchungsverfahren festgestellt werden.

f) Auch die Entstehung von Kalziumferrit [21] ist nicht anzunehmen, da die Gleichgewichtseinstellung unter den gegebenen Bedingungen auf der Seite der Ausgangsstoffe liegt.

Bei diesen Untersuchungen gelang der Beweis, daß während der Verdampfung des im Brikett gebundenen

g) Wassers Kalziumsilikathydrat = bzw.

h) Kalziumaluminathydratgele auftreten. Die weitere Verfestigung der Briketts wird so gedeutet, daß bei höheren Temperaturen die Gele eine kryptokristalline Struktur annehmen und auf diese Weise das Gemisch verkitten.

Eine Erklärung für die Ursache der Verfestigung von Briketts, in denen allein Kalkhydrat verpreßt ist, konnte nicht gegeben werden. Deshalb ist anzunehmen, daß die Festigkeitszunahme des Kalkhydrats bei Pressung und Erhitzung vor allen durch physikalische Vorgänge (Schrumpfung und Strukturänderung) hervorgerufen wird. Ein eingehendere Untersuchung dieser Erscheinung war im Rahmen vorliegender Arbeit nicht möglich.

3. Der Braunkohlenanteil ruft zwar mit seinen Wasserbindungskräften eine hohe Kaltdruckfestigkeit hervor, schädigt aber das Brikettgefüge während seiner Wasserabgabe (bis etwa 200° C) und Entgasung (bis etwa 400° C). Die notwendige Menge an Kalkhydrat im Möllerbrikett liegt zwischen 10 und 15 %, wobei die größeren Anteile bei Erzen mit höheren Metallgehalten benötigt werden, weil bei diesen auch der Anteil des Reduktionsstoffes (Braunkohle) größer sein muß.

4. Wenn das Erz Al_2O_3 enthält, welches ebenfalls die Ofenstandfestigkeit fördert, kann man auch schon mit weniger als 10 % $Ca(OH)_2$ auskommen, bei Rotschlamm z.B. mit 8 %.

5. Ein geforderter Kalkhydratanteil von 10 bis 15 % im Möllerbrikett läßt bei verschiedenen Metallgehalten im Erz folgende SiO_2-Anteile der Erze als untere Grenze erscheinen:

Metallgehalt (Fe + Mn) %	SiO_2-Gehalt des Erzes %
30	7
40	8
50	9
60	10

Unter diesen Bedingungen sind mit allen Erzen ofenstandfeste Briketts erzeugt worden.

6. Bei kieselsäurearmen Erzen ist eine Gattierung mit kieselsäurereicheren Erzen vorzuschlagen.

7. Die Braunkohle soll möglichst als Feinkorn vorliegen. Bei unseren Untersuchungen wurde Korn von 1 - 0 mm verwendet. Gröbere Körnungen bewirken Erniedrigung der Ofenstandfestigkeit im Möllerbrikett.

8. Der Wassergehalt der Braunkohle ist mit 4 - 8 % zu wählen. Unterhalb von 4 % Wassergehalt sind die Kaltdruckfestigkeiten nicht ausreichend, oberhalb von 8 % fallen bei höheren Temperaturen die Warmdruckfestigkeiten zu stark ab.

9. Die Lagerungsfähigkeit der Möllerbriketts, die im Bereich von 20 Minuten bis 48 Stunden untersucht wurde, ist sehr unterschiedlich. Gewöhnlich steigt sie mit Vergrößerung des Kalkhydratanteiles. Die Lagerung bis zu 24 Stunden schadet im allgemeinen wenig und wirkt z.T. sogar festigkeitssteigernd. Aber nach 48 Stunden Lagerzeit ist zumindestens die Warmdruckfestigkeit immer erniedrigt. Die Brikettierung am Orte der Verhüttung ist deshalb zu empfehlen.

10. Als Pressenbauarten können die Strangpressen und die Ringwalzenpresse Verwendung finden. In der Ringwalzenpresse kann ein Preßdruck von 2000 bis 2300 kg/cm^2 und in der Strangpresse von 1000 bis 1200 kg/cm^2 als genügend angesehen werden. Die Kaltdruckfestigkeiten sind dabei vollauf ausreichend, und die Warmdruckfestigkeiten werden durch die Rohstoffbeschaffenheit, vor allem durch den Kalkhydratanteil, bedeutend stärker beeinflußt als durch eine größere Verdichtungsarbeit.

Trotz der bei diesem Verfahren bewirkten großen Verfestigung der Möllerbriketts können diese für die Verhüttung als gut bezeichnet werden, da Erz und Reduktionsmittel in großoberflächiger inniger Berührung stehen und durch Wasserabgabe und Entgasung der Braunkohle das Brikett selbst zumindestens bei Temperaturen über 400° C eine gute Porösität erhält.

11. Als Brikettformat wird etwa eine Größe von 50 ⌀ x 50 mm vorgeschlagen, wie es z.B. bei FU-Briketts in der Braunkohlenbrikettierung bereits vorliegt.

Forschungsberichte des Wirtschafts- und Verkehrsministeriums Nordrhein-Westfalen

12. In Abbildung 42 ist ein Verfahrensvorschlag für die bindemittellose Möllerbrikettierung entworfen. Als Mengengrundlage ist ein Niederschachtofen mit der Erzeugung von 100 t Roheisen/Tag angenommen.

Das Bunkerfassungsvermögen ist mit einem Tagesbedarf anzusetzen. Danach müßten die Bunker folgendes Fassungsvermögen haben:

Kalkhydrat	60 - 80 t
Erz	200 - 300 t
Trockenbraunkohle	150 - 180 t

Bei dem geringen Verbrauch von Kalkhydrat kann dieser Rohstoff nur von Kalkwerken gekauft werden, eine eigene Brennerei und Löscheinrichtung würde unwirtschaftlich arbeiten. Sie ist nach Mitteilung der Industrie selbst bei eigenem Kalkvorkommen erst bei einer Erzeugung von 100 t/Tag vertretbar.

Ob die Trocknung von solchen Erzen, die viel freies Wasser enthalten, selbst in einem Feuergastrockner durchgeführt werden kann, muß auf Grund der Wärmebilanz des Hüttenwerkes entschieden werden. Ob die Trocknung der Braunkohle in eigener Regie zu erfolgen hat, ist weit schwieriger zu entscheiden. Hierbei treten folgende Gesichtspunkte auf:

Der Rohkohlenbedarf beträgt etwa das Dreifache der benötigten Trockenkohlenmenge. Bei eigener Trocknung sind also die Transportkosten bedeutend größer. Andererseits ist aber Rohbraunkohle preisgünstiger (6,50 : 24,00 DM) als Trockenkohle zu beziehen, obwohl in Braunkohlenbrikettfabriken die Trocknung auf Grund des höheren Gesamtwirkungsgrades durch Verbundwirtschaft verhältnismäßig billig durchgeführt werden kann.

Als Grundlage für den Verfahrensvorschlag wird die Verwendung von Fabriktrockenkohle vorgeschlagen. Damit ist einmal die nur bis etwa 40 km Entfernung wirtschaftlich tragbare Mehrbelastung für die Förderung von stark wasserhaltiger Rohkohle ausgeschaltet, zum anderen ist die Trocknung nicht bis unterhalb des hygroskopischen Punktes durchgeführt, so daß für die Förderung und Lagerung keine besonderen Aufwendungen, Spezialwagen und verschließbare Bunker, gemacht werden müssen.

Darüber hinaus kann der für die unterschiedlichen Erzbeschaffenheiten notwendige Wassergehalt besser im eigenen Betrieb eingehalten werden und

Forschungsberichte des Wirtschafts- und Verkehrsministeriums Nordrhein-Westfalen

das Brikettiergut je nach Bedarf ohne Lagerung den Pressen aufgegeben werden. Dies ist für eine solche Braunkohle, die mit ihrem Wassergehalt weit unter dem hygroskopischen Punkt liegt, von großer technischer und wirtschaftlicher Bedeutung.

Von den Bunkern (s.Abb. 42) läuft das Gut in eine Mischeinrichtung; dafür wird eine Doppelmischschnecke vorgeschlagen. Um immer eine möllergerechte Mischung einhalten zu können, sind hinter den Bunkern einwandfreie Dosiereinrichtungen, z.B. Bandwaagen, vorzusehen. Die Schnecke entleert die Mischung in einen Aufgaberedler, welcher das Gut den einzelnen Füllvorrichtungen der Pressen zuführt.

Die Frage, ob für die Möllerbrikettierung Strang- oder Ringwalzenpressen besser geeignet sind, wird in Kürze durch Betriebsversuche geklärt werden. Diese Entscheidung hängt vor allem ab von der notwendigen Preßdruckhöhe und dem Formzeugverschleiß.

Die Pressen stoßen auf ein Drahtband aus, wobei die Briketts gleichzeitig vom Abrieb getrennt werden, der wieder zum Aufgaberedler gegebenenfalls nach Zerkleinerung zurückgeführt wird. Vom Drahtband werden die Brikettts von einem Gummigurtförderer zum Brikettbunker geleitet, von welchem sie in den Niederschachtofen eingesetzt werden können.

Obwohl die Brikettierungskosten noch nicht bestimmt werden können, erscheint die Wirtschaftlichkeit dieses Verfahrens gegenüber der Schwelverhüttung mit Steinkohle unter Verwendung der Bindemittel als gegeben.

13. Ein Kostenvergleich der in beiden Verfahren unterschiedlichen Posten zeigt größenordnungsmäßig folgenden Vorteil der bindemittellosen Brikettierung unter Verwendung von Weichbraunkohle:

Während der Preis ab Zeche für Flammfeinkohle (Ruhrgeb.) DM 58,00/t beträgt, kostet die Tonne Fabriktrockenkohle mit 15 - 20 % Wassergehalt etwa 24,00 DM. Der Preis für Fabriktrockenkohle ist nicht festgelegt, sondern wurde auf Grund der Preise für Braunkohlenbriketts von 28,30 DM und für Rohkohle von 6,50 DM geschätzt. Da für die Erzeugung von 100 t Roheisen und die Trocknung der Kohle - ungefähr 10 % Restwassergehalt sowohl der Braun- als auch der Steinkohle - etwa 140 t Steinkohle oder 170 t Trockenbraunkohle benötigt werden, gewinnt man bei Verwendung von Braunkohle schon 4.040,00 DM, 140 x 58 = 8.120,00 DM minus 170 x 24 = 4.080,00 DM ergibt 4.040,00 DM.

Die Kosten für etwa 65 t Kalkhydrat sind zwar mit 3.510,00 DM um 2.280,00 DM größer als beim Kauf von etwa 88 t Kalkstein, jedoch gleicht sich dieser Nachteil wieder dadurch aus, daß bei dem neuen Verfahren die Bindemittelkosten vollkommen wegfallen und die Gasreinigung vereinfacht wird.

Bei einem Verbrauch von 6 % Teerpech - 120,-- DM/t - würde dieses 3.240,00 DM kosten. Selbst unter der Voraussetzung, daß man durch Wiedergewinnung des Teerpeches unter Abzug der Betriebskosten und der Mehrkosten für die Gasreinigung einen Erlös von 1.000,00 DM erzielte, wären die Mehrkosten für das Kalkhydrat allein durch den Wegfall des Bindemittels gedeckt. Unter den oben gemachten Voraussetzungen bleibt also im Vergleich zum üblichen Schwelverhüttungsverfahren ein Gewinn von etwa 40,00 DM/t Roheisen oder etwa 9,00 DM/t Einsatzgut, von welchem noch die Mehrkosten abgezogen werden müssen, die durch die Strang- oder Ringwalzenpressenbrikettierung an Stelle der Verpressung in Walzenpressen auftreten. Der Kostenunterschied ist so groß, daß dabei sehr große Formzeugverschleiße in Kauf genommen werden können. Selbst bei Kostengleichheit bliebe der große volkswirtschaftliche Vorteil bestehen, daß dieses Verfahren hochwertige Rohstoffe wie Steinkohle und Teerpech einsparen hilft oder sogar Ländern, in welchen diese Rohstoffe nicht vorhanden sind, den Weg zur eigenen Eisenerzeugung öffnet.

4. Zusammenfassung

Aus wirtschaftlichen und technischen Gründen ergibt sich die Notwendigkeit, in zunehmendem Maße feinkörnige Erze und bislang als minderwertig betrachtete Reduktionsstoffe zur Verhüttung heranzuziehen. In dieser Arbeit wurde nachgewiesen, daß es möglich ist, bindemittellos Preßlinge aus feinkörnigem Erz, Braunkohle und basischem Zuschlagstoff herzustellen, welche eine gute Kaltdruckfestigkeit und auch eine für die Schwelverhüttung ausreichende Ofenstandfestigkeit aufweisen.

Die verschiedenen Mischungsanteile der Möllerbriketts (s.Abschn. 3.3) wurden so gewählt, daß die Kohlenmenge groß genug war, um genügend Wärme für die Erzschmelzung des Roheisens zu liefern und andererseits gleichfalls die notwendige Menge Kohlenstoff zur Reduktion der Erze zur Verfügung stand. Die Menge des basischen Zuschlages richtete sich nach der Menge des durch das Erz eingebrachten SiO_2-Anteiles und wurde so bemessen,

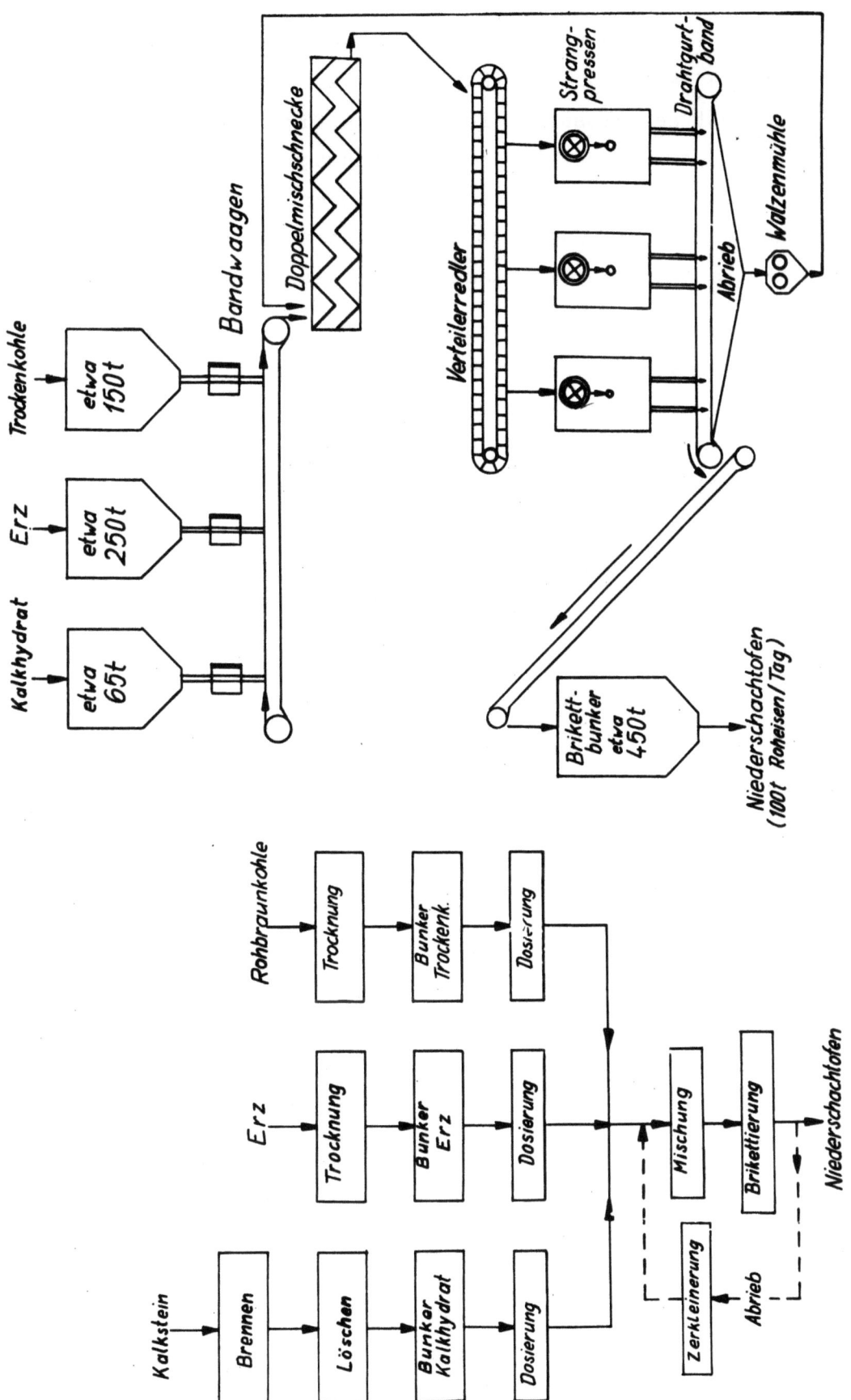

Abbildung 42

Schema der bindemittellosen Brikettierung von Möllerbriketts

Forschungsberichte des Wirtschafts- und Verkehrsministeriums Nordrhein-Westfalen
_____

daß er gerade zur Erlangung des in der Schlacke notwendigen Basengrades ausreiche. Sämtliche Versuche wurden im Brikettierungslaboratorium der Technischen Hochschule Aachen durchgeführt. Zur Verpressung stand eine hydraulische Presse mit geschlossener Form zur Verfügung (s. Abschn. 2.21). Es wurde festgestellt, daß der gleiche Verdichtungsgrad mit der Presse mit geschlossener Form erst bei bedeutend höheren Preßdrücken erreicht wurde als mit einer Laboratoriums- oder Betriebsstrangpresse, in welchen die einzelnen Briketts im Strang mehrmals verdichtet werden (s. Abschn. 3.3).

Zur Ermittlung der Festigkeiten bei verschiedenen Temperaturen wurden die Preßlinge in einem automatisch gesteuerten Versuchsofen erhitzt (s.Abschn. 2.22) und anschließend einer Druckfestigkeitsmessung unterzogen (s.Abschn. 2.23). Von den verschiedenen basischen Zuschlagstoffen (MgO, $Mg(OH)_2$, $CaCO_3$, $Ca(OH)_2$ und CaO) erwies sich nur das Kalkhydrat als geeignet (s. Abschn. 3.2).

Als Braunkohle wurde eine Fabriktrockenkohle der Biag Zukunft benutzt (s.Abschn. 2.11), deren ursprünglicher Wassergehalt von etwa 18 % im Trockenschrank auf 8 % vermindert wurde. Dieser Wassergehalt hatte sich in bezug auf die zu erreichende Kalt- oder Warmdruckfestigkeit als besonders günstig erwiesen (s. Abschn. 3.51).

Bei Untersuchungen unter Veränderung der Erzart stellte sich heraus, daß Möllerbriketts mit Erzanteilen aus Rohspatschlamm (s. Abschn. 3.40), Rostspatstaub (s. Abschn. 3.42) und Rotschlamm (s. Abschn. 3.45) gute Kaltdruckfestigkeiten ergeben und auch bei Erhitzung bis 800° C ofenstandfest bleiben. Dagegen ist die Ofenstandfestigkeit bei höheren Temperaturen (600 - 800° C) der Möllerbriketts mit einem Erzanteil aus Feinrohspat (s. Abschn. 3.41), Magnetitschlich (s. Abschn. 3.43) oder Doggererz (s. Abschn. 3.44) nur dann gewährleistet, wenn diese Erze mit einem kieselsäurereichem Erz wie z.B. Rohspatschlamm oder Rostspatstaub gemischt verpreßt werden (s. Abschn. 3.61 - 3.63). Der notwendige SiO_2-Gehalt des Erzes wurde mit 7 - 10 % und der Kalkhydratanteil im Möllerbrikett mit 8 - 15 % ermittelt (s. Abschn. 3.7).

Bei der Untersuchung der besonderen Einflußgrößen ergab sich, daß mit Vergrößerung des Braunkohlenanteils (s. Abschn. 3.52) die Kaltdruckfestigkeit eines Möllerbriketts steigt, dagegen die Warmdruckfestigkeit auf Grund der stärkeren Wasserdampf- und Gasabgabe geschädigt wird. Die Korngröße der Braunkohle wird mit 1 - 0 mm vorgeschlagen, weil gröbere Körnungen die Warmdruckfestigkeit beeinträchtigen (s. Abschn. 3.55).

Mit Erhöhung der Kalkhydratzugabe steigt immer die Warmdruckfestigkeit und die Lagerungsfähigkeit der Möllerbriketts an (s. Abschn. 3.53). Eine Nachzerkleinerung des verhältnismäßig gröbsten Erzes, des Feinrohspates, erbrachte keine Festigkeitserhöhung (s. Abschn. 3.54).

Abschließend wurde in der Schlußbetrachtung dieser Arbeit (s. Abschn. 3.7) ein Verfahrensvorschlag gemacht. Außerdem sind die unterschiedlichen Kostenstellen der Schwelverhüttungsverfahren verglichen worden, die entweder mit Steinkohle und Bindemittel oder aber mit Braunkohle unter Verwendung von Kalkhydrat durchgeführt werden. Dieser Kostenvergleich zeigt, daß das hier angeführte Verfahren, welches bindemittellos und mit Braunkohle als Reduktionsstoff arbeitet, dem anderen wirtschaftlich überlegen ist.

Prof. Dr.-Ing. habil. Wilhelm PETERSEN
Dr.-Ing. Siegfried Wawroschek
Dozentur für Brikettierung an der Rhein.-
Westf. Technischen Hochschule Aachen

5. Literaturverzeichnis

[1] BULLE, G. — Herstellung von Eisen und Stahl
Tds. Kjerni Bergvesen Met. 1955, Nr.3

[2] REINFELD, H. — Die Schwelverhüttung im Niederschachtofen
Radex-Rundschau 1956, Heft 3, S. 92

[3] THAU, A. — Brennstoffschwelung Bd. I: Schweltechnik und Schwelbetrieb
Verlag W. Knapp, Halle, 1949, S. 152 - 154

[4] HOFFMANN, E. — Verhüttung von Erz-Kohle-Mischbriketts im Niederschachtofen
Stahl und Eisen 74 (1954), Nr. 23, S. 1464 - 1468

[5] KILLING, E. — Neuere Erfahrungen mit der Verhüttung von Eisenerzen im Niederschachtofen
Stahl und Eisen 72 (1952), S. 925-928

[6] REINFELD, H. — Der derzeitige Stand der Entwicklung des Demag-Humboldt-Niederschachtofenverfahrens nach Abschluß der Großversuche mit ausländischen Rohstoffen
Anfang 1954 (unveröffentlicht), S. 4

[7] — Bericht des Max-Plank-Institutes für Eisenforschung in Düsseldorf (unveröffentlicht)

[8] PETERSEN, V. — Untersuchungen über die Festigkeitseigenschaften von Braunkohlenbriketts verschiedener Steinstärken und Vorschläge für eine Normung der Verfahren für ihre Festigkeitsprüfung.
Braunkohle, Band 7 (1955), Heft 5:6, S. 86

[9] PETERSEN, W. Preßversuche unter Veränderung des Preßdruckes, des Wassergehaltes, der Korngröße, des Trocknungsgrades, der Höchstdruckdauer, der Vorschubgeschwindigkeit und der Einwaagemenge
2. Zwischenbericht zum Forschungsauftrag des Landes Nordrhein-Westfalen (unveröffentlicht) 1954

[10] WAWROSCHEK, S. Untersuchungen über die Festigkeitseigenschaften von betrieblich erzeugten Braunkohlenbriketts verschiedener Steinstärke
Aufbereitungskundliche Meldearbeit, T.H. Aachen, März 1954

[11] RAMMLER, E. und H. METZNER Vergleich verschiedener Arten der Festigkeitsbestimmung von Braunkohlenbriketts im Hinblick auf die Kennzeichnung von Güteunterschieden
Freiberger Forschungshefte, Heft A 39 (1955) S. 76 - 103

[12] RAMMLER, E. und H. METZNER Vergleichende Abriebbestimmungen von Braunkohlenbriketts und Braunkohlenschwelkoks mit verschiedenen Abriebtrommeln
Freiberger Forschungshefte, Heft A 32, (1955) S. 5 - 56

[13] RAMMLER, E. und H. METZNER Über die Beziehungen zwischen Steinstärke, Brikettfestigkeit und Preßdruck
Freiberger Forschungshefte, Heft A 13, (1953)

[14] RAMMLER, E. und K. HEIDE Versuche zur Brikettierung von Eisenfeinerz mit Braunkohle im Hinblick auf die Schwelverhüttung
Freiberger Forschungshefte, Heft A 27, (1952) S. 127 - 134

[15] PETERSEN, W. und S. WAWROSCHEK

Die zweckmäßigsten Gütebestimmungsverfahren und Brikettierungsbedingungen bei der Erzeugung von Braunkohlen-Eisenerz-Briketts
Forschungsbericht des Wirtschafts- und Verkehrsministeriums Nordrhein-Westfalen, Nr. 343, 1956

[16] LUYKEN, W.

Die Vorbereitung des Hochofenmöllers
Springer Verlag 1953, S. 200

[17] Siehe l. c. unter 15 Abschnitt 4.22

[18] Siehe l. c. unter 15 Abschnitt 4.21

[19] ENDELL, J.

Aufbau und Eigenschaften der Aschen rheinischer Braunkohlen
Braunkohle, Wärme und Energie 1952, Heft 23/24, S. 451

[20] FRISKE, A.

Über den Einfluß von Ton und ähnlichem plastischen Material auf hydrothermale Härtungsreaktionen mit Kieselsäure und Eisenoxyden
Dissertation 1953, T.H. Karlsruhe

[21] FLINT, E.P. und L.S. WELLS

12/1934 Research paper, Nr. R.P. 687. S. 751

FORSCHUNGSBERICHTE
DES WIRTSCHAFTS- UND VERKEHRSMINISTERIUMS
NORDRHEIN-WESTFALEN

Herausgegeben von Staatssekretär Prof. Dr. h. c. Leo Brandt

HEFT 1
Prof. Dr.-Ing. E. Flegler, Aachen
Untersuchungen oxydischer Ferromagnet-Werkstoffe
1952, 20 Seiten, DM 6,75

HEFT 2
Prof. Dr. W. Fuchs, Aachen
Untersuchungen über absatzfreie Teeröle
1952, 32 Seiten, 5 Abb., 6 Tabellen, DM 10,—

HEFT 3
Techn.-Wissenschaftl. Büro für die Bastfaserindustrie, Bielefeld
Untersuchungsarbeiten zur Verbesserung des Leinenwebstuhls
1952, 44 Seiten, 7 Abb., 3 Tabellen, DM 12,50

HEFT 4
Prof. Dr. E. A. Müller und Dipl.-Ing. H. Spitzer, Dortmund
Untersuchungen über die Hitzebelastung in Hüttenbetrieben
1952, 28 Seiten, 5 Abb., 1 Tabelle, DM 9,—

HEFT 5
Dipl.-Ing. W. Fister, Aachen
Prüfstand der Turbinenuntersuchungen
1952, 40 Seiten, 30 Abb., 3 Schaltbilder, DM 1,—

HEFT 6
Prof. Dr. W. Fuchs, Aachen
Untersuchungen über die Zusammensetzung und Verwendbarkeit von Schwelteerfraktionen
1952, 36 Seiten, DM 10,50

HEFT 7
Prof. Dr. W. Fuchs, Aachen
Untersuchungen über emsländisches Petrolatum
1952, 36 Seiten, 1 Abb., 17 Tabellen, DM 10,50

HEFT 8
M. E. Meffert und H. Stratmann, Essen
Algen-Großkulturen im Sommer 1951
1953, 52 Seiten, 4 Abb., 20 Tabellen, DM 9,75

HEFT 9
Techn.-Wissenschaftl. Büro für die Bastfaserindustrie, Bielefeld
Untersuchungen über die zweckmäßige Wicklungsart von Leinengarnkreuzspulen unter Berücksichtigung der Anwendung hoher Geschwindigkeiten des Garnes
Vorversuche für Zetteln und Schären von Leinengarnen auf Hochleistungsmaschinen
1952, 48 Seiten, 7 Abb., 7 Tabellen, DM 9,25

HEFT 10
Prof. Dr. W. Vogel, Köln
„Das Streifenpaar" als neues System zur mechanischen Vergrößerung kleiner Verschiebungen und seine technischen Anwendungsmöglichkeiten
1953, 20 Seiten, 6 Abb., DM 4,50

HEFT 11
Laboratorium für Werkzeugmaschinen und Betriebslehre, Technische Hochschule Aachen
1. Untersuchungen über Metallbearbeitung im Fräsvorgang mit Hartmetallwerkzeugen und negativem Spanwinkel
2. Weiterentwicklung des Schleifverfahrens für die Herstellung von Präzisionswerkstücken unter Vermeidung hoher Temperaturen
3. Untersuchung von Oberflächenveredlungsverfahren zur Steigerung der Belastbarkeit hochbeanspruchter Bauteile
1953, 80 Seiten, 61 Abb., DM 15,75

HEFT 12
Elektrowärme-Institut, Langenberg (Rhld.)
Induktive Erwärmung mit Netzfrequenz
1952, 22 Seiten, 6 Abb., DM 5,20

HEFT 13
Techn.-Wissenschaftl. Büro für die Bastfaserindustrie, Bielefeld
Das Naßspinnen von Bastfasergarnen mit chemischen Zusätzen zum Spinnbad
1953, 52 Seiten, 4 Abb., 19 Tabellen, DM 10,—

HEFT 14
Forschungsstelle für Acetylen, Dortmund
Untersuchungen über Aceton als Lösungsmittel für Acetylen
1952, 64 Seiten, 10 Abb., 26 Tabellen, DM 12,25

HEFT 15
Wäschereiforschung Krefeld
Trocknen von Wäschestoffen
1953, 48 Seiten, 14 Abb., 2 Tabellen, DM 9,—

HEFT 16
Max-Planck-Institut für Kohlenforschung, Mülheim a. d. Ruhr
Arbeiten des MPI für Kohlenforschung
1953, 104 Seiten, 9 Abb., DM 17,80

HEFT 17
Ingenieurbüro Herbert Stein, M.-Gladbach
Untersuchung der Verzugsvorgänge in den Streckwerken verschiedener Spinnereimaschinen. 1. Bericht: Vergleichende Prüfung mit verschiedenen Dickenmeßgeräten
1952, 36 Seiten, 15 Abb., DM 8,—

HEFT 18
Wäschereiforschung Krefeld
Grundlagen zur Erfassung der chemischen Schädigung beim Waschen
1953, 68 Seiten, 15 Abb., 15 Tabellen, DM 12,75

HEFT 19
Techn.-Wissenschaftl. Büro für die Bastfaserindustrie, Bielefeld
Die Auswirkung des Schlichtens von Leinengarnketten auf den Verarbeitungswirkungsgrad, sowie die Festigkeit und Dehnungsverhältnisse der Garne und Gewebe
1953, 48 Seiten, 1 Abb., 9 Tabellen, DM 9,—

HEFT 20
Techn.-Wissenschaftl. Büro für die Bastfaserindustrie, Bielefeld
Trocknung von Leinengarnen I
Vorgang und Einwirkung auf die Garnqualität
1953, 62 Seiten, 18 Abb., 5 Tabellen, DM 12,—

HEFT 21
Techn.-Wissenschaftl. Büro für die Bastfaserindustrie, Bielefeld
Trocknung von Leinengarnen II
Spulenanordnung und Luftführung beim Trocknen von Kreuzspulen
1953, 66 Seiten, 22 Abb., 9 Tabellen, DM 13,—

HEFT 22
Techn.-Wissenschaftl. Büro für die Bastfaserindustrie, Bielefeld
Die Reparaturanfälligkeit von Webstühlen
1953, 28 Seiten, 7 Abb., 5 Tabellen, DM 5,80

HEFT 23
Institut für Starkstromtechnik, Aachen
Rechnerische und experimentelle Untersuchungen zur Kenntnis der Metadyne als Umformer von konstanter Spannung auf konstanten Strom
1953, 52 Seiten, 20 Abb., 4 Tafeln, DM 9,75

HEFT 24
Institut für Starkstromtechnik, Aachen
Vergleich verschiedener Generator-Metadyne-Schaltungen in bezug auf statisches Verhalten
1952, 44 Seiten, 23 Abb., DM 8,50

HEFT 25
Gesellschaft für Kohlentechnik mbH., Dortmund-Eving
Struktur der Steinkohlen und Steinkohlen-Kokse
1953, 58 Seiten, DM 11,—

HEFT 26
Techn.-Wissenschaftl. Büro für die Bastfaserindustrie, Bielefeld
Vergleichende Untersuchungen zweier neuzeitlicher Ungleichmäßigkeitsprüfer für Bänder und Garne hinsichtlich ihrer Eignung für die Bastfaserspinnerei
1953, 64 Seiten, 30 Abb., DM 12,50

HEFT 27
Prof. Dr. E. Schratz, Münster
Untersuchungen zur Rentabilität des Arzneipflanzenanbaues Römische Kamille, Anthemis nobilis L.
1953, 16 Seiten, 1 Tabelle, DM 3,60

HEFT 28
Prof. Dr. E. Schratz, Münster
Calendula officinalis L. Studien zur Ernährung, Blütenfüllung und Rentabilität der Drogengewinnung
1953, 24 Seiten, 2 Abb., 3 Tabellen, DM 5,20

HEFT 29
Techn.-Wissenschaftl. Büro für die Bastfaserindustrie, Bielefeld
Die Ausnützung der Leinengarne in Geweben
1953, 100 Seiten, 14 Abb., 10 Tabellen, DM 17,80

HEFT 30
Gesellschaft für Kohlentechnik mbH., Dortmund-Eving
Kombinierte Entaschung und Verschwelung von Steinkohle; Aufarbeitung von Steinkohlenschlämmen zu verkokbarer oder verschwelbarer Kohle
1953, 56 Seiten, 16 Abb., 10 Tabellen, DM 10,50

HEFT 31
Dipl.-Ing. A. Stormanns, Essen
Messung des Leistungsbedarfs von Doppelsteg-Kettenförderern
1954, 54 Seiten, 18 Abb., 3 Anlagen, DM 11,—

HEFT 32
Techn.-Wissenschaftl. Büro für die Bastfaserindustrie, Bielefeld
Der Einfluß der Natriumchloridbleiche auf Qualität und Verwebbarkeit von Leinengarnen und die Eigenschaften des Leinengewebes unter besonderer Berücksichtigung des Einsatzes von Schützen- und Spulenwechselautomaten in der Leinenweberei
1953, 64 Seiten, 2 Abb., 12 Tabellen, DM 11,50

HEFT 33
Kohlenstoffbiologische Forschungsstation e. V.
Eine Methode zur Bestimmung von Schwefeldioxyd und Schwefelwasserstoff in Rauchgasen und in der Atmosphäre
1953, 32 Seiten, 8 Abb., 3 Tabellen, DM 6,50

HEFT 34
Textilforschungsanstalt Krefeld
Quellungs- und Entquellungsvorgänge bei Faserstoffen
1953, 52 Seiten, 13 Abb., 13 Tabellen, DM 9,80

WESTDEUTSCHER VERLAG · KÖLN UND OPLADEN

HEFT 35
Professor Dr. W. Kast, Krefeld
Feinstrukturuntersuchungen an künstlichen Zellulosefasern verschiedener Herstellungsverfahren. Teil I: Der Orientierungszustand
1953, 74 Seiten, 30 Abb., 7 Tabellen, DM 13,80

HEFT 36
Forschungsinstitut der feuerfesten Industrie, Bonn
Untersuchungen über die Trocknung von Rohton
Untersuchungen über die chemische Reinigung von Silika- und Schamotte-Rohstoffen mit chlorhaltigen Gasen
1953, 60 Seiten, 5 Abb., 5 Tabellen, DM 11,—

HEFT 37
Forschungsinstitut der feuerfesten Industrie, Bonn
Untersuchungen über den Einfluß der Probenvorbereitung auf die Kaltdruckfestigkeit feuerfester Steine
1953, 40 Seiten, 2 Abb., 5 Tabellen, DM 7,80

HEFT 38
Forschungsstelle für Acetylen, Dortmund
Untersuchungen über die Trocknung von Acetylen zur Herstellung von Dissousgas
1953, 36 Seiten, 11 Abb., 3 Tabellen, DM 6,80

HEFT 39
Forschungsgesellschaft Blechverarbeitung e. V., Düsseldorf
Untersuchungen an prägegemusterten und vorgelochten Blechen
1953, 46 Seiten, 34 Abb., DM 9,50

HEFT 40
Landesgeologe Dr.-Ing. W. Wolff,
Amt für Bodenforschung, Krefeld
Untersuchungen über die Anwendbarkeit geophysikalischer Verfahren zur Untersuchung von Spateisengängen im Siegerland
1953, 46 Seiten, 8 Abb., DM 8,80

HEFT 41
Techn.-Wissenschaftl. Büro für die Bastfaserindustrie, Bielefeld
Untersuchungsarbeiten zur Verbesserung des Leinenwebstuhles II
1953, 40 Seiten, 4 Abb., 5 Tabellen, DM 7,80

HEFT 42
Professor Dr. B. Helferich, Bonn
Untersuchungen über Wirkstoffe — Fermente — in der Kartoffel und die Möglichkeit ihrer Verwendung
1953, 58 Seiten, 9 Abb., DM 11,—

HEFT 43
Forschungsgesellschaft Blechverarbeitung e. V., Düsseldorf
Forschungsergebnisse über das Beizen von Blechen
1953, 48 Seiten, 38 Abb., 2 Tabellen, DM 11,30

HEFT 44
Arbeitsgemeinschaft für praktische Dehnungsmessung, Düsseldorf
Eigenschaften und Anwendungen von Dehnungsmeßstreifen
1953, 68 Seiten, 43 Abb., 2 Tabellen, DM 13,70

HEFT 45
Losenhausenwerk Düsseldorfer Maschinenbau AG., Düsseldorf
Untersuchungen von störenden Einflüssen auf die Lastgrenzenanzeige von Dauerschwingprüfmaschinen
1953, 36 Seiten, 11 Abb., 3 Tabellen, DM 7,25

HEFT 46
Prof. Dr. W. Fuchs, Aachen
Untersuchungen über die Aufbereitung von Wasser für die Dampferzeugung in Benson-Kesseln
1953, 58 Seiten, 18 Abb., 9 Tabellen, DM 11,20

HEFT 47
Prof. Dr.-Ing. K. Krekeler, Aachen
Versuche über die Anwendung der induktiven Erwärmung zum Sintern von hochschmelzenden Metallen sowie zur Anlegierung und Vergütung von aufgespritzten Metallschichten mit dem Grundwerkstoff
1954, 66 Seiten, 39 Abb., DM 13,90

HEFT 48
Max-Planck-Institut für Eisenforschung, Düsseldorf
Spektrochemische Analyse der Gefügebestandteile in Stählen nach ihrer Isolierung
1953, 38 Seiten, 8 Abb., 5 Tabellen, DM 7,80

HEFT 49
Max-Planck-Institut für Eisenforschung, Düsseldorf
Untersuchungen über Ablauf der Desoxydation und die Bildung von Einschlüssen in Stählen
1953, 52 Seiten, 19 Abb., 3 Tabellen, DM 12,40

HEFT 50
Max-Planck-Institut für Eisenforschung, Düsseldorf
Flammenspektralanalytische Untersuchung der Ferritzusammensetzung in Stählen
1953, 44 Seiten, 15 Abb., 4 Tabellen, DM 8,60

HEFT 51
Verein zur Förderung von Forschungs- und Entwicklungsarbeiten in der Werkzeugindustrie e. V., Remscheid
Untersuchungen an Kreissägeblättern für Holz, Fehler- und Spannungsprüfverfahren
1953, 50 Seiten, 23 Abb., DM 10,—

HEFT 52
Forschungsstelle für Acetylen, Dortmund
Untersuchungen über den Umsatz bei der explosiblen Zersetzung von Azetylen
  a) Zersetzung von gasförmigem Azetylen
  b) Zersetzung von an Silikagel absorbiertem Azetylen
1954, 48 Seiten, 8 Abb., 10 Tabellen, DM 9,25

HEFT 53
Professor Dr.-Ing. H. Opitz, Aachen
Reibwert und Verschleißmessungen an Kunststoffgleitführungen für Werkzeugmaschinen
1954, 38 Seiten, 18 Abb., DM 8,20

HEFT 54
Professor Dr.-Ing. F. A. F. Schmidt, Aachen
Schaffung von Grundlagen für die Erhöhung der spez. Leistung und Herabsetzung des spez. Brennstoffverbrauches bei Ottomotoren mit Teilbericht über Arbeiten an einem neuen Einspritzverfahren
1954, 34 Seiten, 15 Abb., DM 7,40

HEFT 55
Forschungsgesellschaft Blechverarbeitung e. V., Düsseldorf
Chemisches Glänzen von Messing und Neusilber
1954, 50 Seiten, 21 Abb., 1 Tabelle, DM 10,20

HEFT 56
Forschungsgesellschaft Blechverarbeitung e. V., Düsseldorf
Untersuchungen über einige Probleme der Behandlung von Blechoberflächen
1954, 52 Seiten, 42 Abb., DM 11,20

HEFT 57
Prof. Dr.-Ing. F. A. F. Schmidt, Aachen
Untersuchungen zur Erforschung des Einflusses des chemischen Aufbaues des Kraftstoffes auf sein Verhalten im Motor und in Brennkammern von Gasturbinen
1954, 70 Seiten, 32 Abb., DM 14,60

HEFT 58
Gesellschaft für Kohlentechnik mbH., Dortmund
Herstellung und Untersuchung von Steinkohlenschwelteer
1954, 74 Seiten, 9 Abb., 9 Tabellen, DM 13,75

HEFT 59
Forschungsinstitut der Feuerfest-Industrie e. V., Bonn
Ein Schnellanalysenverfahren zur Bestimmung von Aluminiumoxyd, Eisenoxyd und Titanoxyd in feuerfestem Material mittels organischer Farbreagenzien auf photometrischem Wege
Untersuchungen des Alkali-Gehaltes feuerfester Stoffe mit dem Flammenphotometer nach Riehm-Lange
1954, 62 Seiten, 12 Abb., 3 Tabellen, DM 11,60

HEFT 60
Forschungsgesellschaft Blechverarbeitung e. V., Düsseldorf
Untersuchungen über das Spritzlackieren im elektrostatischen Hochspannungsfeld
1954, 82 Seiten, 53 Abb., 7 Tabellen, DM 17,—

HEFT 61
Verein zur Förderung von Forschungs- und Entwicklungsarbeiten in der Werkzeugindustrie e. V., Remscheid
Schwingungs- und Arbeitsverhalten von Kreissägeblättern für Holz
1954, 54 Seiten, 31 Abb., DM 11,40

HEFT 62
Professor Dr. W. Franz, Institut für theoretische Physik der Universität Münster
Berechnung des elektrischen Durchschlags durch feste und flüssige Isolatoren
1954, 36 Seiten, DM 7,—

HEFT 63
Textilforschungsanstalt Krefeld
Neue Methoden zur Untersuchung der Wirkungsweise von Textilhilfsmitteln
Untersuchungen über Schlichtungs- und Entschlichtungsvorgänge
1954, 34 Seiten, 1 Abb., 5 Tabellen, DM 6,80

HEFT 64
Textilforschungsanstalt Krefeld
Die Kettenlängenverteilung von hochpolymeren Faserstoffen
Über die fraktionierte Fällung von Polyamiden
1954, 44 Seiten, 13 Abb., DM 8,60

HEFT 65
Fachverband Schneidwarenindustrie, Solingen
Untersuchungen über das elektrolytische Polieren von Tafelmesserklingen aus rostfreiem Stahl
1954, 90 Seiten, 38 Abb., 9 Tabellen, DM 17,35

HEFT 66
Dr.-Ing. P. Füsgen VDI †, Düsseldorf
Untersuchungen über das Auftreten des Ratterns bei selbsthemmenden Schneckengetrieben und seine Verhütung
1954, 32 Seiten, 5 Abb., DM 6,60

HEFT 67
Heinrich Wösthoff o. H. G., Apparatebau, Bochum
Entwicklung einer chemisch-physikalischen Apparatur zur Bestimmung kleinster Kohlenoxyd-Konzentrationen
1954, 94 Seiten, 48 Abb., 2 Tabellen, DM 18,25

HEFT 68
Kohlenstoffbiologische Forschungsstation e. V., Essen
Algengroßkulturen im Sommer 1952
II. Über die unsterile Großkultur von Scenedesmus obliquus
1954, 62 Seiten, 3 Abb., 29 Tabellen, DM 11,40

HEFT 69
Wäschereiforschung Krefeld
Bestimmung des Faserabbaues bei Leinen unter besonderer Berücksichtigung der Leinengarnbleiche
1954, 48 Seiten, 15 Abb., 3 Tabellen, DM 9,60

HEFT 70
Wäschereiforschung Krefeld
Trocknen von Wäschestoffen
1954, 52 Seiten, 18 Abb., 3 Tabellen, DM 10,—

HEFT 71
Prof. Dr.-Ing. K. Leist, Aachen
Kleingasturbinen, insbesondere zum Fahrzeugantrieb
1954, 114 Seiten, 85 Abb., DM 22,—

HEFT 72
Prof. Dr.-Ing. K. Leist, Aachen
Beitrag zur Untersuchung von stehenden geraden Turbinengittern mit Hilfe von Druckverteilungsmessungen
1954, 152 Seiten, 111 Abb., DM 36,20

HEFT 73
Prof. Dr.-Ing. K. Leist, Aachen
Spannungsoptische Untersuchungen von Turbinenschaufelfüßen
1954, 66 Seiten, 46 Abb., 2 Tabellen, DM 14,60

HEFT 74
Max-Planck-Institut für Eisenforschung, Düsseldorf
Versuche zur Klärung des Umwandlungsverhaltens eines sonderkarbidbildenden Chromstahls
1954, 58 Seiten, 10 Abb., DM 14,—

HEFT 75
Max-Planck-Institut für Eisenforschung, Düsseldorf
Zeit-Temperatur-Umwandlungs-Schaubilder als Grundlage der Wärmebehandlung der Stähle
1954, 44 Seiten, 13 Abb., DM 8,70

HEFT 76
Max-Planck-Institut für Arbeitsphysiologie, Dortmund
Arbeitstechnische und arbeitsphysiologische Rationalisierung von Mauersteinen
1954, 52 Seiten, 12 Abb., 3 Tabellen, DM 10,20

HEFT 77
Meteor Apparatebau Paul Schmeck GmbH., Siegen
Entwicklung von Leuchtstoffröhren hoher Leistung
1954, 46 Seiten, 12 Abb., 2 Tabellen, DM 9,15

HEFT 78
Forschungsstelle für Acetylen, Dortmund
Über die Zustandsgleichung des gasförmigen Acetylens und das Gleichgewicht Acetylen — Aceton
1954, 42 Seiten, 3 Abb., 8 Tabellen, DM 8,—

HEFT 79
Techn.-Wissenschaftl. Büro für die Bastfaserindustrie, Bielefeld
Trocknung von Leinengarnen III
Spinnspulen- und Spinnkopstrocknung
Vorgang und Einwirkung auf die Garnqualität
1954, 74 Seiten, 18 Abb., 10 Tabellen, DM 14,—

WESTDEUTSCHER VERLAG · KÖLN UND OPLADEN

HEFT 80
Techn.-Wissenschaftl. Büro für die Bastfaserindustrie, Bielefeld
Die Verarbeitung von Leinengarn auf Webstühlen mit und ohne Oberbau
1954, 30 Seiten, 2 Abb., 2 Tabellen, DM 6,—

HEFT 81
Prüf- und Forschungsinstitut für Ziegeleierzeugnisse, Essen-Kray
Die Einführung des großformatigen Einheits-Gitterziegels im Lande Nordrhein-Westfalen
1954, 54 Seiten, 2 Abb., 2 Tabellen, DM 10,—

HEFT 82
Vereinigte Aluminium-Werke AG., Bonn
Forschungsarbeiten auf dem Gebiet der Veredelung von Aluminium-Oberflächen
1954, 46 Seiten, 34 Abb., DM 9,60

HEFT 83
Prof. Dr. S. Strugger, Münster
Über die Struktur der Proplastiden
1954, 30 Seiten, 15 Abb., DM 8,40

HEFT 84
Dr. H. Baron, Düsseldorf
Über Standardisierung von Wundtextilien
1954, 32 Seiten, DM 6,40

HEFT 85
Textilforschungsanstalt Krefeld
Physikalische Untersuchungen an Fasern, Fäden, Garnen und Geweben:
Untersuchungen am Knickscheuergerät nach Weltzien
1954, 40 Seiten, 11 Abb., 8 Tabellen, DM 10,—

HEFT 86
Prof. Dr.-Ing. H. Opitz, Aachen
Untersuchungen über das Fräsen von Baustahl sowie über den Einfluß des Gefüges auf die Zerspanbarkeit
1954, 108 Seiten, 73 Abb., 7 Tabellen, DM 22,—

HEFT 87
Gemeinschaftsausschuß Verzinken, Düsseldorf
Untersuchungen über Güte von Verzinkungen
1954, 68 Seiten, 56 Abb., 3 Tabellen, DM 15,30

HEFT 88
Gesellschaft für Kohlentechnik mbH., Dortmund-Eving
Oxydation von Steinkohle mit Salpetersäure
1954, 62 Seiten, 2 Abb., 1 Tabelle, DM 11,50

HEFT 89
Verein Deutscher Ingenieure, Gleitlagerforschung, Düsseldorf und Prof. Dr.-Ing. G. Vogelpohl, Göttingen
Versuche mit Preßstoff-Lagern für Walzwerke
1954, 70 Seiten, 34 Abb., DM 14,10

HEFT 90
Forschungs-Institut der Feuerfest-Industrie, Bonn
Das Verhalten von Silikasteinen im Siemens-Martin-Ofengewölbe
1954, 62 Seiten, 15 Abb., 11 Tabellen, DM 11,90

HEFT 91
Forschungs-Institut der Feuerfest-Industrie, Bonn
Untersuchungen des Zusammenhangs zwischen Leistung und Kohlenverbrauch von Kammeröfen zum Brennen von feuerfesten Materialien
1954, 42 Seiten, 6 Abb., DM 8,30

HEFT 92
Techn.-Wissenschaftl. Büro für die Bastfaserindustrie, Bielefeld und Laboratorium für textile Meßtechnik, M.-Gladbach
Messungen von Vorgängen am Webstuhl
1954, 76 Seiten, 45 Abb., DM 15,50

HEFT 93
Prof. Dr. W. Kast, Krefeld
Spinnversuche zur Strukturerfassung künstlicher Zellulosefasern
1954, 82 Seiten, 39 Abb., 6 Tabellen, DM 16,—

HEFT 94
Prof. Dr. G. Winter, Bonn
Die Heilpflanzen des MATTHIOLUS (1611) gegen Infektionen der Harnwege und Verunreinigung der Wunden bzw. zur Förderung der Wundheilung im Lichte der Antibiotikaforschung
1954, 58 Seiten, 1 Abb., 2 Tabellen, DM 11,50

HEFT 95
Prof. Dr. G. Winter, Bonn
Untersuchungen über die flüchtigen Antibiotika aus der Kapuziner- (Tropaeolum maius) und Gartenkresse (Lepidium sativum) und ihr Verhalten im menschlichen Körper bei Aufnahme von Kapuziner- bzw. Gartenkressensalat per os
1955, 74 Seiten, 9 Abb., 25 Tabellen, DM 14,—

HEFT 96
Dr.-Ing. P. Koch, Dortmund
Austritt von Exoelektronen aus Metalloberflächen unter Berücksichtigung der Verwendung des Effektes für die Materialprüfung
1954, 34 Seiten, 13 Abb., DM 7,—

HEFT 97
Ing. H. Stein, Laboratorium für textile Meßtechnik, M.-Gladbach
Untersuchung der Verzugsvorgänge an den Streckwerken verschiedener Spinnereimaschinen
2. Bericht: Ermittlung der Haft-Gleiteigenschaften von Faserbändern und Vorgarnen
1955, 98 Seiten, 54 Abb., DM 21,—

HEFT 98
Fachverband Gesenkschmieden, Hagen
Die Arbeitsgenauigkeit beim Gesenkschmieden unter Hämmern
1955, 132 Seiten, 55 Abb., 9 Tabellen, DM 24,75

HEFT 99
Prof. Dr.-Ing. G. Garbotz, Aachen
Der Kraft- und Arbeitsaufwand sowie die Leistungen beim Biegen von Bewehrungsstählen in Abhängigkeit von den Abmessungen, den Formen und der Güte der Stähle (Ermittlung von Leistungsrichtlinien)
1955, 136 Seiten, 53 Abb., 3 Anlagen, 18 Tabellen, DM 30,—

HEFT 100
Prof. Dr.-Ing. H. Opitz, Aachen
Untersuchungen von elektrischen Antrieben, Steuerungen und Regelungen an Werkzeugmaschinen
1955, 166 Seiten, 71 Abb., 3 Tabellen, DM 31,30

HEFT 101
Prof. Dr.-Ing. H. Opitz, Aachen
Wirtschaftlichkeitsbetrachtungen beim Außenrundschleifen
1955, 100 Seiten, 56 Abb., 3 Tabellen, DM 19,30

HEFT 102
Dr. P. Hölemann, Ing. R. Hasselmann und Ing. G. Dix, Dortmund
Untersuchungen über die thermische Zündung von explosiblen Acetylenzersetzungen in Kapillaren
1954, 44 Seiten, 5 Abb., 4 Tabellen, DM 8,60

HEFT 103
Prof. Dr. W. Weizel, Bonn
Durchführung von experimentellen Untersuchungen über den zeitlichen Ablauf von Funken in komprimierten Edelgasen sowie zu deren mathematischen Berechnung
1955, 46 Seiten, 12 Abb., DM 9,10

HEFT 104
Prof. Dr. W. Weizel, Bonn
Über den Einfluß der Elektroden auf die Eigenschaften von Cadmium-Sulfid-Widerstands-Photozellen
1955, 48 Seiten, 12 Abb., DM 9,45

HEFT 105
Dr.-Ing. R. Meldau, Harsewinkel/Westf.
Auswertung von Gekörn — Analysen des Musterstaubes „Flugasche Fortuna I"
1955, 42 Seiten, 14 Abb., DM 8,50

HEFT 106
ORR. Dr.-Ing. W. Küch, Dortmund
Untersuchungen über die Einwirkung von feuchtigkeitsgesättigter Luft auf die Festigkeit von Leimverbindungen
1954, 60 Seiten, 10 Abb., 6 Tabellen, DM 11,40

HEFT 107
Prof. Dr. H. Lange und Dipl.-Phys. P. St. Pütter, Köln
Über die Konstruktion von Laboratoriumsmagneten
1955, 66 Seiten, 19 Abb., 1 Tabelle, DM 12,30

HEFT 108
Prof. Dr. W. Fuchs, Aachen
Untersuchungen über neue Beizmethoden und Beizabwässer
I. Die Entzunderung von Drähten mit Natriumhydrid
II. Die Aufbereitung von Beizabwässern
1955, 82 S., 15 Abb., 14 Tabellen, 1 Falttafel, DM 15,25

HEFT 109
Dr. P. Hölemann und Ing. R. Hasselmann, Dortmund
Untersuchungen über die Löslichkeit von Azetylen in verschiedenen organischen Lösungsmitteln
1954, 42 Seiten, 10 Abb., 8 Tabellen, DM 8,30

HEFT 110
Dr. P. Hölemann und Ing. R. Hasselmann, Dortmund
Untersuchungen über den Druckverlauf bei der explosiblen Zersetzung von gasförmigem Azetylen
1955, 54 Seiten, 10 Abb., 5 Tabellen, DM 11,—

HEFT 111
Fachverband Steinzeugindustrie, Köln
Die Entwicklung eines Gerätes zur Beschickung seitlicher Feuer von Steinzeug-Einzelkammeröfen mit festen Brennstoffen
1955, 46 Seiten, 16 Abb., DM 9,40

HEFT 112
Prof. Dr.-Ing. H. Opitz, Aachen
Verschleißmessungen beim Drehen mit aktivierten Hartmetallwerkzeugen
1954, 44 Seiten, 17 Abb., 6 Tabellen, DM 8,80

HEFT 113
Prof. Dr. O. Graf, Dortmund
Erforschung der geistigen Ermüdung und nervösen Belastung: Studien über die vegetative 24-Stunden-Rhythmik in Ruhe und unter Belastung
1955, 40 Seiten, 12 Abb., DM 8,20

HEFT 114
Prof. Dr. O. Graf, Dortmund
Studien über Fließarbeitsprobleme an einer praxisnahen Experimentieranlage
1954, 34 Seiten, 6 Abb., DM 7,—

HEFT 115
Prof. Dr. O. Graf, Dortmund
Studium über Arbeitspausen in Betrieben bei freier und zeitgebundener Arbeit (Fließarbeit) und ihre Auswirkung auf die Leistungsfähigkeit
1955, 50 Seiten, 13 Abb., 2 Tabellen, DM 9,80

HEFT 116
Prof. Dr.-Ing. E. Siebel und Dr.-Ing. H. Weiss, Stuttgart
Untersuchungen an einigen Problemen des Tiefziehens — I. Teil
1955, 74 Seiten, 50 Abb., 5 Tabellen, DM 14,50

HEFT 117
Dr.-Ing. H. Beißwänger, Stuttgart, und Dr.-Ing. S. Schwandt, Trier
Untersuchungen an einigen Problemen des Tiefziehens — II. Teil
1955, 92 Seiten, 34 Abb., 8 Tabellen, DM 17,70

HEFT 118
Prof. Dr. E. A. Müller und Dr. H. G. Wenzel, Dortmund
Neuartige Klima-Anlage zur Erzeugung ungleicher Luft- und Strahlungstemperaturen in einem Versuchsraum
1955, 68 Seiten, 10 z. T. mehrfarb. Abb., DM 14,—

HEFT 119
Dr.-Ing. O. Viertel, Krefeld
Wäscherei- und energietechnische Untersuchung einer Gemeinschafts-Waschanlage
1955, 50 Seiten, 18 Abb., DM 10,20

HEFT 120
Dipl.-Ing. A. Weisbecker, Lüdenscheid
Über Anfressung an Reinstaluminium-Schweißnähten bei der elektrolytischen Oxydation
Gebr. Hörstermann GmbH., Velbert
Entwicklung und Erprobung eines neuartigen Gummibandförderers
1955, 46 Seiten, 18 Abb., DM 9,70

HEFT 121
Dr. H. Krebs, Bonn
I. Die Struktur und die Eigenschaften der Halbmetalle
II. Die Bestimmung der Atomverteilung in amorphen Substanzen
III. Die chemische Bindung in anorganischen Festkörpern und das Entstehen metallischer Eigenschaften
1955, 124 Seiten, 36 Abb., 13 Tabellen, DM 22,90

HEFT 122
Prof. Dr. W. Fuchs, Aachen
Untersuchungen zur Verbesserung der Wasseraufbereitung und Wasseranalyse:
Über die Schnellbewertung von Ionenaustauscher
1955, 62 Seiten, 32 Abb., DM 12,30

HEFT 123
Dipl.-Ing. J. Emondts, Aachen
Über Bodenverformungen bei stark gestörtem und mächtigem, wasserführendem Deckgebirge im Aachener Steinkohlengebiet
1955, 196 Seiten, 37 Abb., 10 Tabellen, DM 28,80

HEFT 124
Prof. Dr. R. Seyffert, Köln
Wege und Kosten der Distribution der Hausratwaren im Lande Nordrhein-Westfalen
1955, 74 Seiten, 25 Tabellen, DM 9,—

WESTDEUTSCHER VERLAG · KÖLN UND OPLADEN

HEFT 125
Prof. Dr. E. Kappler, Münster
Eine neue Methode zur Bestimmung von Kondensations-Koeffizienten von Wasser
1955, 46 Seiten, 11 Abb., 1 Tabelle, DM 9,10

HEFT 126
Prof. Dr.-Ing. J. Mathieu, Aachen
Arbeitszeitvergleich
Grundlagen, Methodik und praktische Durchführung
1955, 70 Seiten, DM 13,—

HEFT 127
Güteschutz Betonstein e. V., Arbeitskreis Nordrhein-Westfalen, Dortmund
Die Betonwaren-Gütesicherung im Lande Nordrhein-Westfalen
1955, 58 Seiten, 15 Abb., 3 Tabellen, DM 11,50

HEFT 128
Prof. Dr. O. Schmitz-DuMont, Bonn
Untersuchungen über Reaktionen in flüssigem Ammoniak
1955, 96 Seiten, 11 Abb., 6 Tabellen, DM 17,75

HEFT 129
Prof. Dr.-Ing. J. Mathieu und Dr. C. A. Roos, Aachen
Die Anlernung von Industriearbeitern
I. Ergebnisse einer grundsätzlichen Untersuchung der gegenwärtigen Industriearbeiter-Kurzanlernung
1955, 106 Seiten, DM 19,70

HEFT 130
Prof. Dr.-Ing. J. Mathieu und Dr. C. A. Roos, Aachen
Die Anlernung von Industriearbeitern
II. Beiträge zur Methodenfrage der Kurzanlernung
1955, 108 Seiten, DM 19,90

HEFT 131
Dr. W. Hoerburger, Köln
Versuche zur Biosynthese von Eiweiß aus Kohlenwasserstoff
1955, 34 Seiten, 2 Abb., DM 6,90

HEFT 132
Prof. Dr. W. Seith, Münster
Über Diffusionserscheinungen in festen Metallen
1955, 42 Seiten, 19 Abb., 4 Tabellen, DM 9,10

HEFT 133
Prof. Dr. E. Jenckel, Aachen
Über einen für Schwermetalle selektiven Ionenaustauscher
1955, 48 Seiten, 8 Abb., 13 Tabellen, DM 9,50

HEFT 134
Prof. Dr.-Ing. H. Winterhager, Aachen
Über die elektrochemischen Grundlagen der Schmelzfluß-Elektrolyse von Bleisulfid in geschmolzenen Mischungen mit Bleichlorid
1955, 54 Seiten, 20 Abb., 5 Tabellen, DM 11,80

HEFT 135
Prof. Dr.-Ing. K. Krekeler und Dr.-Ing. H. Peukert, Aachen
Die Änderung der mechanischen Eigenschaften thermoplastischer Kunststoffe durch Warmrecken
1955, 54 Seiten, 27 Abb., DM 11,10

HEFT 136
Dipl.-Phys. P. Pilz, Remscheid
Über spezielle Probleme der Zerkleinerungstechnik von Weichstoffen
1955, 58 Seiten, 19 Abb., 2 Tabellen, DM 11,50

HEFT 137
Prof. Dr. W. Baumeister, Münster
Beiträge zur Mineralstoffernährung der Pflanzen
1955, 64 Seiten, 6 Abb., DM 11,80

HEFT 138
Dr. P. Hölemann und Ing. R. Hasselmann, Dortmund
Untersuchungen über die Zersetzungswärme von gasförmigem und in Azeton gelöstem Azetylen
1955, 54 Seiten, 8 Abb., 7 Tabellen, DM 10,40

HEFT 139
Prof. Dr. W. Fuchs, Aachen
Studien über die thermische Zersetzung der Kohle und die Kohlendestillatprodukte
1955, 64 Seiten, 20 Abb., 22 Tabellen, DM 11,80

HEFT 140
Dr.-Ing. G. Hausberg, Essen
Modellversuche an Zyklonen
1955, 78 Seiten, 24 Abb., DM 15,70

HEFT 141
Dr. J. van Calker und Dr. R. Wienecke, Münster
Untersuchungen über den Einfluß dritter Analysenpartner auf die spektrochemische Analyse
1955, 42 Seiten, 15 Abb., DM 9,10

HEFT 142
Dipl.-Ing. G. M. F. Wiebel, Hannover, A. Konermann und A. Ottenheym, Sennelager
Entwicklung eines Kalksandleichtsteines
1955, 38 Seiten, 4 Abb., DM 8,—

HEFT 143
Prof. Dr. F. Wever, Dr. A. Rose und Dipl.-Ing. W. Straßburg, Düsseldorf
Härtbarkeit und Umwandlungsverhalten der Stähle
1955, 50 Seiten, 12 Abb., 3 Tabellen, DM 10,70

HEFT 144
Prof. Dr. H. Wurmbach, Bonn
Steuerung von Wachstum und Formbildung
1955, 48 Seiten, 19 Abb., DM 10,30

HEFT 145
Dr. G. Hennemann, Werdohl (Westf.)
Beitrag zur Interpretation der modernen Atomphysik
1955, 34 Seiten, DM 10,—

HEFT 146
Dr.-Ing. F. Gruß, Düsseldorf
Sterilisation mit Heißluft
1955, 34 Seiten, 10 Abb., DM 7,70

HEFT 147
Dr.-Ing. W. Rudisch, Unna
Untersuchung einer drehelastischen Elektromagnet-Synchronkupplung
1955, 82 Seiten, 65 Abb., DM 17,70

HEFT 148
Prof. Dr. H. Bittel u. Dipl.-Phys. L. Storm, Münster
Untersuchungen über Widerstandsrauschen
1955, 40 Seiten, 5 Abb., DM 8,40

HEFT 149
Dipl.-Ing. K. Konopicky und Dipl.-Chem. P. Kampa, Bonn
I. Beitrag zur flammenphotometrischen Bestimmung des Calciums
Dr.-Ing. K. Konopicky, Bonn
II. Die Wanderung von Schlackenbestandteilen in feuerfesten Baustoffen
1955, 54 Seiten, 10 Abb., 5 Tabellen, DM 11,—

HEFT 150
Prof. Dr.-Ing. O. Kienzle und Dipl.-Ing. W. Timmerbeil, Hannover
Das Durchziehen enger Kragen an ebenen Fein- und Mittelblechen
1955, 52 Seiten, 20 Abb., 8 Tabellen, DM 11,30

HEFT 151
Dipl.-Ing. P. Karabasch, Aachen
Feststellung des optimalen Gasgehaltes von Bronzen zur Erzielung druckdichter Gußstücke
1956, 64 Seiten, 31 Abb., 5 Tabellen, DM 13,90

HEFT 152
Dipl.-Ing. G. Müller, Köln
Ermittlung der Laufeigenschaften (Vergießbarkeit) von Bronze und Rotguß mittels der Schneider-Gießspirale
1955, 60 Seiten, 33 Abb., DM 13,30

HEFT 153
Prof. Dr. F. Wever, Dr.-Ing. W. A. Fischer und Dipl.-Ing. J. Engelbrecht, Düsseldorf
I. Die Reduktion sauerstoffhaltiger Eisenschmelzen im Hochvakuum mit Wasserstoff und Kohlenstoff
II. Einfluß geringer Sauerstoffgehalte auf das Gefüge und Alterungsverhalten von Reineisen
1955, 54 Seiten, 15 Abb., 2 Tabellen, DM 12,40

HEFT 154
Prof. Dr.-Ing. P. Bardenheuer und Dr.-Ing. W. A. Fischer, Düsseldorf
Die Verschlackung von Titan aus Stahlschmelzen im sauren und basischen Hochfrequenzofen unter verschiedenen Schlacken
1955, 36 Seiten, 10 Abb., 1 Tabelle, DM 7,95

HEFT 155
Dipl.-Phys. K. H. Schirmer, München
Die auf Grau abgestimmte Farbwiedergabe im Dreifarbenbuchdruck
1955, 46 Seiten, 17 Abb., 2 Farbtafeln, DM 10,—

HEFT 156
Prof. Dr.-Ing. B. von Borries und Mitarbeiter, Düsseldorf
Die Entwicklung regelbarer permanentmagnetischer Elektronenlinsen hoher Brechkraft und eines mit ihnen ausgerüsteten Elektronenmikroskopes neuer Bauart
1956, 102 Seiten, 52 Abb., DM 22,55

HEFT 157
Dr. W. Jawtusch, Dr. G. Schuster und Prof. Dr.-Ing. R. Jaeckel, Bonn
Untersuchungen über die Stoßvorgänge zwischen neutralen Atomen und Molekülen
1955, 48 Seiten, 15 Abb., 3 Tabellen, DM 10,50

HEFT 158
Dipl.-Ing. W. Rosenkranz, Meinerzhagen
Ein Beitrag zum Problem der Spannungskorrosion bei Preßprofilen und Preßteilen aus Aluminium-Legierungen
1956, 112 Seiten, 61 Abb., 5 Tabellen, DM 27,40

HEFT 159
Dr.-Ing. O. Viertel und O. Oldenroth, Krefeld
Das Bleichen von Weißwäsche mit Wasserstoffsuperoxyd bzw. Natriumhypochlorit beim maschinellen Waschen
1955, 54 Seiten, 23 Abb., 2 Tabellen, DM 11,45

HEFT 160
Prof. Dr. W. Klemm, Münster
Über neue Sauerstoff- und Fluor-haltige Komplexe
1955, 50 Seiten, 13 Abb., 7 Tabellen, DM 10,80

HEFT 161
Prof. Dr. W. Weltzien und Dr. G. Hauschild, Krefeld
Über Silikone und ihre Anwendung in der Textilveredlung
1955, 162 Seiten, 22 Abb., 10 Tabellen, DM 27,—

HEFT 162
Prof. Dr. F. Wever, Prof. Dr. A. Kochendörfer und Dr.-Ing. Chr. Rohrbach, Düsseldorf
Kennzeichnung der Sprödbruchneigung von Stählen durch Messung der Fließspannung, Reißspannung und Brucheinschnürung an dreiachsig beanspruchten Proben
1955, 58 Seiten, 26 Abb., DM 13,—

HEFT 163
Dipl.-Ing. W. Rohs und Text.-Ing. H. Griese, Bielefeld
Untersuchungsarbeiten zur Verbesserung des Leinenwebstuhls III
1955, 80 Seiten, 15 Abb., 18 Tabellen, DM 15,80

HEFT 164
Dr.-Ing. H. Schmachtenberg, Köln
Neuartige Prüfeinrichtungen für Kraftfahrzeuge
1955, 44 Seiten, 23 Abb., DM 9,60

HEFT 165
Dr.-Ing. W. Wilhelm, Aachen
Instationäre Gasströmung im Auspuffsystem eines Zweitaktmotors
1955, 62 Seiten, 31 Abb., 8 Tabellen, DM 13,60

HEFT 166
Prof. Dr. M. v. Stackelberg, Dr. H. Heindze, Dr. H. Hübschke und Dr. K. H. Frangen, Bonn
Kolloidchemische Untersuchungen
1955, 106 Seiten, 8 Abb., 13 Tabellen, DM 21,25

HEFT 167
Prof. Dr.-Ing. F. Schuster, Essen
I. Über die Heißkarburierung von Brenngasen mit Ölen und Teeren
II. Die Strahlungsvorgänge in brennstoffbeheizten Öfen bei verschiedenen Verbrennungsatmosphären
1955, 38 Seiten, 8 Abb., DM 8,30

HEFT 168
Prof. Dr.-Ing. F. Schuster, Essen
I. Luftvorwärmung an Gasfeuerungen
II. Heizwerthöhe von Brenngasen und Wirkungsgrad sowie Gasverbrauch bei der Gasverwendung
III. Sauerstoffangereicherte Luft und feuerungstechnische Kenngrößen von Brenngasen
1955, 60 Seiten, 18 Abb., DM 12,50

HEFT 169
Forschungsinstitut für Pigmente und Lacke, Stuttgart
Arbeiten über die Bestimmung des Gebrauchswertes von Lackfilmen durch physikalische Prüfungen
1955, 70 Seiten, 23 Abb., 4 Tabellen, DM 15,—

HEFT 170
Prof. Dr. F. Wever, Dr. A. Rose und Dipl.-Ing L. Rademacher, Düsseldorf
Anwendung der Umwandlungsschaubilder auf Fragen der Werkstoffauswahl beim Schweißen und Flammhärten
1955, 64 Seiten, 25 Abb., DM 13,70

HEFT 171
Wäschereiforschung Krefeld
Untersuchung der Wäscheentwässerung mit Hilfe von Zentrifugen und Pressen
1955, 42 Seiten, 16 Abb., 4 Tabellen, DM 9,70

HEFT 172
Dipl.-Ing. W. Rohs, Dr.-Ing. G. Satlow und Text.-Ing. G. Heller, Bielefeld
Trocknung von Hanfgarnen. Kreuzspultrocknung
1955, 60 Seiten, 7 Abb., 4 Tabellen, DM 10,30

HEFT 173
Prof. Dr. R. Hosemann und Dipl.-Phys. G. Schoknecht, Berlin, vorgelegt von Prof. Dr. W. Kast, Krefeld
Lichtoptische Herstellung und Diskussion der Faltungsquadrate parakristalliner Gitter
1956, 108 Seiten, 63 Abb., 6 Tabellen, DM 24,70

HEFT 174
Prof. Dr. W. von Fragstein, Dr. J. Meingast und H. Hoch, Köln
Herstellung von Solen einheitlicher Teilchengröße und Ermittlung ihrer optischen Eigenschaften
1955, 78 Seiten, 80 Abb., 4 Tabellen, DM 18,25

HEFT 175
Dr.-Ing. H. Zeller, Aachen
Beitrag zur eindimensionalen stationären und nichtstationären Gasströmung mit Reibung und Wärmeleitung, insbesondere in Rohren mit unstetigen Querschnittsänderungen.
1956, 138 Seiten, 56 Abb., DM 29,30

HEFT 176
Dipl.-Ing. H. Schöberl, Duisburg
Über die Methoden zur Ermittlung der Verbrennungstemperatur von Brennstoffen und ein Vorschlag zu ihrer Verbesserung
1955, 30 Seiten, 3 Abb., DM 6,50

HEFT 177
Dipl.-Ing. H. Stüdemann, Solingen, und Dr.-Ing. W. Müchler, Essen
Entwicklung eines Verfahrens zur zahlenmäßigen Bestimmung der Schneideigenschaften von Messerklingen
1956, 104 Seiten, 68 Abb., 4 Tabellen, DM 22,20

HEFT 178
Prof. Dr. M. von Stackelberg u. Dr. W. Hans, Bonn
Untersuchungen zur Ausarbeitung und Verbesserung von polarographischen Analysenmethoden
1955, 46 Seiten, 14 Abb., DM 10,50

HEFT 179
Dipl.-Ing. H. F. Reineke, Bochum
Entwicklungsarbeiten auf dem Gebiete der Meß- und Regeltechnik
1955, 46 Seiten, 10 Abb., DM 10,—

HEFT 180
Dr.-Ing. W. Piepenburg, Dipl.-Ing. B. Bühling und Bauing. J. Behnke, Köln
Putzarbeiten im Hochbau und Versuche mit aktiviertem Mörtel und mechanischem Mörtelauftrag
1955, 116 Seiten, 31 Abb., 68 Tabellen, DM 23,—

HEFT 181
Prof. Dr. W. Franz, Münster
Theorie der elektrischen Leitvorgänge in Halbleitern und isolierenden Festkörpern bei hohen elektrischen Feldern
1955, 28 Seiten, 2 Abb., 1 Tabelle, DM 6,20

HEFT 182
Dr.-Ing. P. Schenk u. Dr. K. Osterloh, Düsseldorf
Katalytisch-thermische Spaltung von gasförmigen und flüssigen Kohlenwasserstoffen zur Spitzengaserzeugung
1955, 50 Seiten, 11 Abb., 11 Tabellen, DM 10,90

HEFT 183
Dr. W. Bornheim, Köln
Entwicklungsarbeiten an Flaschen- und Ampullen-Behandlungsmaschinen für die pharmazeutische Industrie
1956, 48 Seiten, 24 Abb., DM 11,70

HEFT 184
Dr.-Ing. E. Printz, Kettwig
Vollhydraulische Parallel-Kupplung für Ackerschlepper
1955, 32 Seiten, 4 Abb., DM 7,80

HEFT 185
Dipl.-Ing. W. Rohs und Text.-Ing. G. Heller, Bielefeld
Studien an einem neuzeitlichen Kreuzspultrockner für Bastfasergarne mit Wiederbefeuchtungszone
1955, 52 Seiten, 9 Abb., 3 Tabellen, DM 10,70

HEFT 186
Dr. E. Wedekind, Krefeld
Untersuchungen zur Arbeitsbestgestaltung bei der Fertigstellung von Oberhemden in gewerblichen Wäschereien
1955, 124 Seiten, 28 Abb., 6 Tabellen, 2 Falttaf., DM 12,—

HEFT 187
Dipl.-Ing. F. Göttgens, Essen
Über die Eigenarten der Bimetall-, Thermo- und Flammenionisationssicherungsmethode in ihrer Anwendung auf Zündsicherungen
1955, 40 Seiten, 6 Abb., 4 Tabellen, DM 8,40

HEFT 188
W. Kinnebrock, Langenberg (Rhld.)
Der Einfluß des Austausches gleicher Gaskochbrenner bzw. Gaskochbrennerteile auf den Wirkungsgrad und insbesondere auf den CO-Gehalt der Verbrennungsgase
1955, 42 Seiten, 7 Abb., 3 Tabellen, DM 8,70

HEFT 189
Fa. E. Leybold's Nachfolger, Köln
I. Ausgewählte Kapitel aus der Vakuumtechnik
II. Zum Verlust anorganisch-nichtflüchtiger Substanzen während der Gefriertrocknung
1955, 52 Seiten, 16 Abb., 3 Tabellen, DM 11,20

HEFT 190
Prof. Dr. A. Neuhaus, Prof. Dr. O. Schmitz-DuMont und Dipl.-Chem. H. Reckhard, Bonn
Zur Kenntnis der Alkalititanate
1955, 60 Seiten, 13 Abb., 1 Tabelle, DM 12,20

HEFT 191
Dr. H. Söhngen, Darmstadt
Schwingungsverhalten eines Schaufelkranzes im Vakuum
1955, 36 Seiten, 7 Abb., DM 7,80

HEFT 192
Dipl.-Phys. E. M. Schneider, München
Kohlebogenlampen für Aufnahme und Kopie
1955, 48 Seiten, 21 Abb., 3 Tabellen, DM 10,60

HEFT 193
Prof. Dr. O. Schmitz-DuMont, Bonn
Untersuchungen über neue Pigmentfarbstoffe
1956, 50 Seiten, 16 Abb., 8 Tabellen, DM 11,20

HEFT 194
Dr. K. Hecht, Köln
Entwicklung neuartiger physikalischer Unterrichtsgeräte
1955, 42 Seiten, 16 Abb., DM 9,90

HEFT 195
Dr.-Ing. E. Rößger, Köln
Gedanken über einen neuen deutschen Luftverkehr
1955, 342 Seiten, 29 Abb., 122 Tabellen, DM 50,—

HEFT 196
Dipl.-Ing. W. Rohs und Text.-Ing. H. Griese, Bielefeld
Auswirkungen von Garnfehlern bei der Verarbeitung von Leinengarnen
1955, 36 Seiten, 3 Abb., 6 Tabellen, DM 7,80

HEFT 197
Dr. E. Wedekind, Krefeld
Untersuchungen zur Bestimmung der optimalen Arbeitsplatzgröße bei Mehrstuhlarbeit in der Weberei
1955, 92 Seiten, 34 Abb., DM 18,50

HEFT 198
Prof. Dr. J. Weissinger, Karlsruhe
Zur Aerodynamik des Ringflügels. Die Druckverteilung dünner, fast drehsymmetrischer Flügel in Unterschallströmung
1955, 42 Seiten, 5 Abb., DM 9,—

HEFT 199
Textilforschungsanstalt Krefeld
Die Messung von Gewebetemperaturen mittels Temperaturstrahlung
1955, 50 Seiten, 12 Abb., DM 10,90

HEFT 200
R. Seipenbusch, Langenberg (Rhld.)
Spitzengas durch Zusatz von Flüssiggas-Wassergas- und Flüssiggas-Generatorgas-Gemischen zu Stadtgas
1955, 48 Seiten, 21 Tabellen, DM 10,35

HEFT 201
Dr.-Ing. E. W. Pleines, Frankfurt/Main
Die Sicherheit im Luftverkehr
1956, 194 Seiten, 39 Abb., 19 Tabellen, DM 39,50

HEFT 202
Dipl.-Ing. D. Fiecke, Stuttgart/Zuffenhausen
Die Bestimmung der Flugzeugpolaren für Entwurfszwecke. I Teil: Unterlagen
1956, 216 Seiten, 171 Diagr., DM 59,70

HEFT 203
Dr. G. Wandel, Bonn
Uferbewachsung und Lebendverbauung an den Nordwestdeutschen Kanälen und ihren Zuflüssen sowie an der Ruhr
1956, 122 Seiten, 88 Abb., DM 25,70

HEFT 204
Dipl.-Ing. B. Naendorf, Langenberg (Rhld.)
Bestimmung der Brenneigenschaften und des Brennverhaltens verschiedener Gasarten und Einfluß verschiedener Düsengestaltung
1955, 32 Seiten, DM 7,10

HEFT 205
Dr. C. Schaarwächter, Düsseldorf
Über plastische Kupfer-Eisen-Phosphor-Legierungen
1936, 36 Seiten, 10 Abb., 10 Tabellen, DM 8,30

HEFT 206
Dr. P. Hölemann, Ing. R. Hasselmann und Ing. G. Dix, Dortmund
Untersuchungen über die Vorgänge bei der Zersetzung von in Azeton gelöstem Azetylen
1956, 74 Seiten, 7 Abb., 7 Tabellen, DM 15,55

HEFT 207
Prof. Dr.-Ing. H. Opitz, Dipl.-Ing. K. H. Fröhlich und Dipl.-Ing. H. Siebel, Aachen
Richtwerte für das Fräsen von unlegierten und legierten Baustählen mit Hartmetall. I. Teil
1956, 48 Seiten, 27 Abb., 3 Tabellen, DM 11,10

HEFT 208
Prof. Dr.-Ing. H. Müller, Essen
Untersuchung von Elektrowärmegeräten für Laienbedienung hinsichtlich Sicherheit und Gebrauchsfähigkeit. I. Untersuchungen an Kochplatten
1956, 100 Seiten, 76 Abb., 7 Tabellen, DM 22,70

HEFT 209
Dr. K. Bunge, Leverkusen
Materialabbau in Funkentladungen. Untersuchungen an Zinkkathoden
1956, 54 Seiten, 10 Abb., 5 Tabellen, DM 11,40

HEFT 210
Dr. W. Porschen und Prof. Dr. W. Riezler, Bonn
Langlebige Alphaaktivitäten bei natürlichen Elementen
1955, 40 Seiten, 5 Abb., 4 Tabellen, DM 8,80

HEFT 211
Prof. Dipl.-Ing. W. Sturtzel und Dr.-Ing. W. Graff, Duisburg
Die Versuchsanstalt für Binnenschiffbau, Duisburg
1956, 48 Seiten, 22 Abb., 11,—

HEFT 212
Dipl.-Ing. H. Spodig, Selm
Untersuchung zur Anwendung der Dauermagnete in der Technik
1955, 44 Seiten, 25 Abb., DM 9,80

HEFT 213
Dipl.-Ing. K. F. Rittinghaus, Aachen
Zusammenstellung eines Meßwagens für Bau- und Raumakustik
1957, 96 Seiten 17 Abb., 7 Tabellen DM 19,80

HEFT 214
Dr.-Ing. J. Endres, München
Berechnung der optimalen Leistungen, Kraftstoffverbräuche und Wirkungsgrade von Einkreis-Turbolader-Strahltriebwerken am Boden und in der Höhe bei Fluggeschwindigkeiten von 0—2000 km/h
1956, 72 Seiten, 18 Abb., 8 Tabellen, DM 15,40

HEFT 215
Prof. Dr.-Ing. H. Opitz und Dr.-Ing. G. Weber, Aachen
Einfluß der Wärmebehandlung von Baustählen auf Spanentstehung, Schnittkraft- und Standzeitverhalten
1956, 80 Seiten, 30 Abb., 10 Tabellen, DM 18,40

HEFT 216
Dr. E. Kloth, Köln
Untersuchungen über die Ausbreitung kurzer Schallimpulse bei der Materialprüfung mit Ultraschall
1956, 90 Seiten, 60 Abb., 4 Tabellen, DM 19,40

HEFT 217
Rationalisierungskuratorium der Deutschen Wirtschaft (RKW), Frankfurt/Main
Typenvielzahl bei Haushaltgeräten und Möglichkeiten einer Beschränkung
1956, 328 Seiten, 2 Abb., 181 Tabellen, DM 49,50

HEFT 218
Dr. F. Keune, Aachen
Bericht über eine Theorie der Strömung um Rotationskörper ohne Anstellung bei Machzahl Eins
1955, 40 Seiten, 8 Abb., 5 Formelblätter, DM 8,80

HEFT 219
Prof. Dr. W. Fuchs, Aachen
Untersuchungen zur Holzabfallverwertung und zur Chemie des Lignins
 1955, 54 Seiten, 11 Abb., 15 Tabellen DM 11,40

HEFT 220
Prof. Dr. W. Fuchs, Aachen
Die Entwicklung neuer Regel- und Kontroll-Apparate zur coulometrischen Analyse
 1956, 76 Seiten, 17 Abb. 23 Tabellen, DM 15,50

HEFT 221
Dr. W. Meyer-Eppler, Bonn
Experimentelle Untersuchungen zum Mechanismus von Stimme und Gehör in der lautsprachlichen Kommunikation 1955, 56 Seiten, 24 Abb., DM 13,45

HEFT 222
Dr. L. Köllner, Münster, und Dipl.-Volkswirt
M. Kaiser, Bochum
Die internationale Wettbewerbsfähigkeit der westdeutschen Wollindustrie 1956, 214 Seiten, DM 39,50

HEFT 223
Dr.-Ing. K. Alberti und Dr. F. Schwarz, Köln
Über das Problem Hartbrand-Weichbrand
 1956, 54 Seiten, 25 Abb., 14 Tabellen, DM 12,10

HEFT 224
Dipl.-Ing. H. Stüdemann und Ing. R. Beu, Solingen
Verfahren zur Prüfung der Korrosionsbeständigkeit von Messerklingen aus rostfreiem Stahl
 1956, 82 Seiten, 28 Abb., DM 16,90

HEFT 225
Dr.-Ing. E. Barz, Remscheid
Der Spannungszustand von Gattersägeblättern
 1956, 74 Seiten, 54 Abb., DM 16,50

HEFT 226
Technisch-wissenschaftliches Büro für die Bastfaserindustrie, Bielefeld
Untersuchungen zur Verbesserung des Leinenwebstuhles IV
Die Wirkung verschiedener Kettbaumbremsen auf die Verwebung von Leinengarnen
 1956, 64 Seiten, 9 Abb., 4 Tabellen, DM 13,50

HEFT 227
Prof. Dr. F. Wever, Düsseldorf und Dr. W. Wepner, Köln
Untersuchung der Alterungsneigung von weichen unlegierten Stählen durch Härteprüfung bei Temperaturen bis 300 Grad C
 1956, 34 Seiten, 20 Abb., 3 Tabellen, DM 7,95

HEFT 228
Prof. Dr. F. Wever, Dr. W. Koch, Düsseldorf, und Dr. B. A. Steinkopf, Dortmund
Spektrochemische Grundlagen der Analyse von Gemischen aus Kohlenmonoxyd, Wasserstoff und Stickstoff 1956, 42 Seiten, 18 Abb., 1 Tabelle, DM 9,90

HEFT 229
Prof. Dr. F. Wever, Dr. W. Koch und Dr.-Ing. H. Malissa, Düsseldorf
Über die Anwendung disubstituierter Dithiocarbamate der analytischen Chemie
 1956, 44 Seiten, 30 Abb., 5 Tabellen, DM 10,50

HEFT 230
Prof. Dr. F. Wever, Düsseldorf, und Dr. W. Wepner, Köln
Bestimmung kleiner Kohlenstoffgehalte im Alpha-Eisen durch Dämpfungsmessung
 1956, 34 Seiten, 5 Abb., 2 Tabellen, DM 7,70

HEFT 231
Dr.-Ing. W. Küch, Dortmund
Über die Wechselwirkung zwischen Holzschutzbehandlung und Verleimung
 1956, 48 Seiten, 10 Abb., 8 Tabellen, DM 10,40

HEFT 232
Prof. Dr.-Ing. O. Kienzle, Hannover, und Dr.-Ing. H. Münnich, Schweinfurt
Feststellung der Spannungen und Dehnungen und Bruchdrehzahlen der unter Fliehkraft und Bearbeitungskraft beanspruchten Schleifkörper
 in Vorbereitung

HEFT 233
Dr. H. Haase, Hamburg
Infrarot-Bibliographie 1956, 90 Seiten, DM 17,80

HEFT 234
Dr.-Ing. K. G. Speith und Dr.-Ing. A. Bungeroth, Duisburg
Versuche zur Steigerung des Kokillen-Schluckvermögens beim Stranggießen von Stahl
 1956, 26 Seiten, 5 Abb., DM 6,15

HEFT 235
Prof. Dr.-Ing. K. Leist und Dipl.-Ing. W. Dettmering, Aachen
Turbinenschaufeln aus Kunststoff für Kaltluftversuchsanlagen
 1956, 46 Seiten, 43 Abb., 3 Tabellen, DM 12,30

HEFT 236
Dr.-Ing. O. Viertel und S. Lucas, Krefeld
Ergebnisse einer Hausfrauenbefragung über Wascheinrichtungen und Waschmethoden in städtischen Haushaltungen
 1956, 34 Seiten, 4 Abb., DM 7,60

HEFT 237
Dr. P. Endler und Dr. H. Ludes, Köln
Bericht über eine Studienreise zur Orientierung der heutigen Behandlung der Lungentuberkulose in den Vereinigten Staaten von Nordamerika
 1956, 32 Seiten, DM 7,10

HEFT 238
Institut für textile Meßtechnik, M.-Gladbach, e. V.
Untersuchungen der Verzugsvorgänge an den Streckwerken verschiedener Spinnereimaschinen. 3. Bericht: Theoretische Betrachtungen über den Einfluß schlagender Zylinder und Druckrollen
 1956, 66 Seiten, 21 Abb., DM 14,10

HEFT 239
Prof. Dr.-Ing. K. Leist, Dipl.-Ing. H. Scheele, Aachen, und Dipl.-Ing. F. H. Flottmann, Herne
Versuche an einem neuartigen luftgekühlten Hochleistungs-Kolbenkompressor
 1956, 72 Seiten, 19 Abb., 7 Tabellen, DM 14,40

HEFT 240
Prof. Dr.-Ing. K. Leist und Dipl.-Ing. H. Scheele, Aachen
Temperaturmessungen an einem einstufigen luftgekühlten 4-Zylinder-Kolbenkompressor mit Kühlgebläse 1956, 74 Seiten, 36 Abb., DM 14,80

HEFT 241
Prof. Dr.-Ing. K. Leist und Dipl.-Ing. M. Pötke, Aachen
Leistungsversuche an einem Kühlluftgebläse
 1956, 60 Seiten, 13 Abb., DM 11,70

HEFT 242
Prof. Dr.-Ing. K. Leist und Dipl.-Ing. K. Graf, Aachen
Straßenfahrzeuge mit Gasturbinenantrieb
 1956, 82 Seiten, 63 Abb., DM 17,20

HEFT 243
Prof. Dr.-Ing. K. Leist und Dipl.-Ing. S. Förster, Aachen
Die französische Kleingasturbine Artouste — 1. Teil
 1956, 80 Seiten, 41 Abb., DM 15,85

HEFT 244
Prof. Dr. F. Wever, Dr. W. Koch und Dr. S. Eckhard, Düsseldorf
Erfahrungen mit der spektrochemischen Analyse von Gefügebestandteilen des Stahles
 1956, 32 Seiten, 8 Abb., 2 Tabellen, DM 7,80

HEFT 245
Prof. Dr.-Ing. habil. K. Krekeler, Aachen
Das Verbinden von Metallen durch Kunstharzkleber. Teil I: Eigenschaften und Verwendung der Metallklebstoffe 1956, 48 Seiten, 8 Abb., DM 10,25

HEFT 246
Prof. Dr.-Ing. habil. K. Krekeler, Aachen
Das Verbinden von Metallen durch Kunstharzkleber. Teil II: Untersuchungen an geklebten Leichtmetall-Verbindungen 1956, 80 Seiten, 40 Abb., DM 17,50

HEFT 247
Dr. H. Söhngen, Darmstadt
Strömung vor einem Überschall-Laufrad
 1956, 26 Seiten, 4 Abb., DM 7,60

HEFT 248
Rheinische Aktiengesellschaft für Braunkohlenbergbau und Brikettfabrikation, Köln
Untersuchungen der Bindemitteleigenschaften von Braunkohlenfilteraschen
 1956, 176 Seiten, 26 Abb., 30 Tabellen, DM 35,60

HEFT 249
Dr. M.-E. Meffert, Essen
Weitere Kulturversuche Scenedesmus obliquus
 1956, 36 Seiten, 5 Abb., 10 Tabellen, DM 8,—

HEFT 250
Dr. F. Schwarz und Dr.-Ing. K. Alberti, Köln
Entwicklung von Untersuchungsverfahren zur Gütebeurteilung von Industriekalken
 1956, 36 Seiten, 9 Abb., DM 16,50

HEFT 251
Prof. Dr. H. Bittel, Münster
Zur Statistik der ferromagnetischen Elementarvorgänge und ihren Einfluß auf das Barkhausenrauschen
 1956, 52 Seiten, 14 Abb., DM 11,65

HEFT 252
Dipl.-Ing. H. Frings, Geilenkirchen
Die Wirkung abfallender Wetterführung auf Wettertemperatur, Grubengasgehalt und Staubbildung
 1957, 126 Seiten, 23 Abb., 13 Falttafeln, 38 Tab., DM 35,70

HEFT 253
Dipl.-Ing. S. Schirmanski, Berghausen
Stand und Auswertung der Forschungsarbeiten über Temperatur- und Feuchtigkeitsgrenzen bei der bergmännischen Arbeit
 1957, 80 Seiten, 24 Abb., 12 Tab., DM 17,10

HEFT 254
Prof. Dr. R. Danneel, Bonn
Quantitative Untersuchungen über die Entwicklung des Ehrlich-Ascitestumors bei Inzuchtmäusen
 1956, 52 Seiten, 17 Tabellen, DM 11,75

HEFT 255
Ing. B. v. Schlippe, Bad Nauheim
Strömung von Flüssigkeiten mit temperaturabhängiger Zähigkeit (Kühlung von Öfen)
 1956, 54 Seiten, 12 Abb., 4 Tabellen, DM 11,70

HEFT 256
Prof. Dr. C. Schmieden und Dipl.-Math. K. H. Müller, Darmstadt
Die Strömung einer Quellstrecke im Halbraum — eine strenge Lösung der Navier-Stokes-Gleichungen
 1956, 40 Seiten, 9 Abb., DM 8,80

HEFT 257
Prof. Dr. G. Lehmann und Dr. J. Tamm, Dortmund
Die Beeinflussung vegetativer Funktionen des Menschen durch Geräusche
 1956, 48 Seiten, 25 Abb., 3 Tabellen, DM 11,20

HEFT 258
Dr. H. Paul, Linz (Rhein), und Prof. Dr. O. Graf, Dortmund
Zur Frage der Unfälle im Bergbau
 1956, 52 Seiten, 9 Abb., 22 Tabellen, DM 11,20

HEFT 259
Prof. D. W. Linke, Aachen
Strömungsvorgänge in künstlich belüfteten Räumen
 1956, 52 Seiten, 37 Abb., 1 Tabelle, DM 11,80

HEFT 260
Prof. Dr. W. Kast, Freiburg (Br.), Prof. Dr. A. H. Stuart und Dipl.-Phys. H. G. Fendler, Hannover
Lichtzerstreuungsmessungen an Lösungen hochpolymerer Stoffe
 1956, 70 Seiten, 25 Abb., 5 Tabellen, DM 15,60

HEFT 261
Prof. Dr. W. Kast, Freiburg (Br.)
Feinstruktur-Untersuchungen an künstlichen Zellulosefasern verschiedener Herstellungsverfahren. Teil II: Der Kristallisationszustand
 1956, 80 Seiten, 27 Abb., 11 Tabellen, DM 17,20

HEFT 262
Dr.-Ing. W. Batel, Aachen
Untersuchungen zur Absiebung feuchter, feinkörniger Haufwerke auf Schwingsieben
 1956, 100 Seiten, 45 Abb., 5 Tabellen, DM 23,40

HEFT 263
Prof. Dr. H. Lange und Dipl.-Phys. R. Kohlhaas, Köln
Über die Wärmeleitfähigkeit von Stählen bei hohen Temperaturen: Teil I: Literaturbericht
 1956, 48 Seiten, 26 Abb., 8 Tabellen, DM 10,70

HEFT 264
Prof. Dr. W. Weizel, Bonn
Durch schnelle Funkenzusammenbrüche ausgelöste Signale auf einer Leitung
 1956, 26 Seiten, 4 Abb., 3 Tabellen, DM 6,10

HEFT 265
Prof. Dr. F. Micheel und Dr. R. Engel, Münster
Eine Apparatur zur elektrophoretischen Trennung von Stoffgemischen
 1956, 38 Seiten, 21 Abb., DM 9,20

HEFT 266
Fliesen-Beratungsstelle Bad Godesberg-Mehlem
Güteeigenschaften keramischer Wand- und Bodenfliesen und deren Prüfmethoden
 1956, 32 Seiten, DM 7,10

HEFT 267
Prof. Dr. W. Weizel und B. Brandt, Bonn
Zur Stabilität stromstarker Glimmentladungen
 1956, 36 Seiten, 7 Abb., DM 8,40

WESTDEUTSCHER VERLAG · KÖLN UND OPLADEN

HEFT 268
Prof. Dr.-Ing. G. Vogelpohl, Göttingen
Über die Tragfähigkeit von Gleitlagern und ihre Berechnung
1956, 76 Seiten, 24 Abb., 7 Tabellen, DM 16,85

HEFT 269
Markscheider R. Bals, Bochum
Eignung des Gebirgsankerausbaus zur Erleichterung des Streckenvortriebs im Steinkohlenbergbau
1956, 84 Seiten, 41 Abb., DM 18,75

HEFT 270
Dr. H. Krebs und Mitarbeiter, Bonn
Die Trennung von Racematen auf chromatographischem Wege
1956, 62 Seiten, 18 Tabellen, DM 12,95

HEFT 271
Prof. Dr.-Ing. H. Opitz und Dipl.-Ing. H. Axer, Aachen
Beeinflussung des Verschleißverhaltens bei spanenden Werkzeugen durch flüssige und gasförmige Kühlmittel und elektrische Maßnahmen
1956, 46 Seiten, 28 Abb., DM 10,70

HEFT 272
Prof. Dr. W. Fuchs und Dr. H. Dresia, Aachen
Untersuchungen über die Schnellverbrennung und Schnellvergasung fester Brennstoffe
1956, 56 Seiten, 14 Abb., 3 Tabellen, DM 11,90

HEFT 273
Fa. K. W. Tacke G.m.b.H., Wuppertal-Barmen
Erfahrungen beim Verspinnen von Perlonfasern und bei der Herstellung von Trikotagen aus gesponnenem Perlon
1956, 36 Seiten, DM 7,90

HEFT 274
Prof. Dr.-Ing. K. Krekeler, Aachen
Qualitative Untersuchungen bei Verbindungsschweißungen mittels Lichtbogenschweißautomaten unter Verwendung von Blankdraht und Zugabe von ferromagnetischem Pulver als Umhüllung
1956, 68 Seiten, 40 Abb., 8 Tabellen, DM 15,45

HEFT 275
Prof. Dr.-Ing. habil. K. Krekeler, Aachen, und Dipl.-Ing. H. Verhoeven, Aachen
Quantitative Untersuchungen von Punktschweißverbindungen an Tiefzieh- und Aluminiumblechen, die nach dem Argonarc-Punktschweißverfahren hergestellt werden
1956, 64 Seiten, 45 Abb., DM 14,60

HEFT 276
Fa. E. Haage, Mülheim (Ruhr)
Entwicklungsarbeiten im Apparatebau für Laboratorien
1956, 48 Seiten, 18 Abb., DM 10,50

HEFT 277
Dr.-Ing. W. Müchler, Essen
Untersuchung und zahlenmäßige Bestimmung der Schneideigenschaften von Messern mit besonderer Berücksichtigung rostfreier Messerstähle
1956, 60 Seiten, 27 Abb., 5 Tabellen, DM 13,20

HEFT 278
Dipl.-Ing. J. Stelter und Dipl.-Ing. H. Kickert, Aachen
I. Sichtbarmachung von Ultraschallfeldern unter Verwendung photographischer Emulsionsschichten
II. Methode zur Bestimmung der wirklichen Temperaturverhältnisse in Flüssigkeiten während der Beschallung (Nach einer Diplom-Arbeit von H. Schnitzler)
1956, 54 Seiten, 24 Abb., DM 12,75

HEFT 279
Dr. F. Keune, Aachen
Der gewölbte und verwundene Tragflügel ohne Dicke in Schallnähe
1956, 42 Seiten, 15 Abb., DM 9,25

HEFT 280
Dipl.-Ing. J. Stelter und Dipl.-Ing. E. Pfende, Aachen
Über Störerscheinungen bei Schallgeschwindigkeitsmessungen mittels der Interferometermethode
1956, 42 Seiten, 13 Abb., DM 9,60

HEFT 281
Prof. Dr.-Ing. K. Lürenbaum, Aachen
Der Meßwagen des Instituts für Maschinen-Dynamik der Deutschen Versuchsanstalt für Luftfahrt, Aachen
1956, 34 Seiten, 17 Abb., DM 8,60

HEFT 282
Bergrat a. D. Scherer, Bochum
Das B. T.-Schwelverfahren und seine Anwendung auf der Anlage Marienau
1956, 44 Seiten, 7 Abb., DM 9,60

HEFT 283
Prof. Dr. F. Wever und Dr.-Ing. W. Lueg, Düsseldorf
Warmstauchversuche zur Ermittlung der Formänderungsfestigkeit von Gesenkschmiede-Stählen
1956, 44 Seiten, 19 Abb., DM 9,90

Heft 284
Prof. Dr. F. Wever, Düsseldorf, Dr.-Ing. H. J. Wiester, Essen, Dr.-Ing. F. W. Straßburg, Duisburg, Prof. Dr.-Ing. H. Opitz, Aachen, und Dr.-Ing. K. H. Fröhlich, Köln
Einfluß des Gefüges auf die Zerspanbarkeit von Einsatz- und Vergütungsstählen
1957, 88 Seiten, 126 Abb., 11 Tab., DM 22,45

HEFT 285
Prof. Dr.-Ing. O. Kienzle, Dr.-Ing. K. Lange, Hannover, und Dipl.-Ing. H. Meinert, Osterode
Einfluß der Oberfläche auf das Verschleißverhalten von Schmiedegesenken
1956, 62 Seiten, 29 Abb., 8 Tabellen, DM 14,60

HEFT 286
Dr.-Ing. K. Lange, Hannover, Dipl.-Ing. H. Meinert, Osterode, unter Mitarbeit von Dr.-Ing. H. Arend, Mülheim (Ruhr)
Verschleißverhalten hartverchromter Schmiedegesenke
1956, 74 Seiten, 53 Abb., 6 Tabellen, DM 17,65

HEFT 287
Prof. Dr.-Ing. habil. K. Krekeler, Aachen
Änderungen der mechanischen Eigenschaftswerte thermoplastischer Kunststoffe bei Beanspruchung in verschiedenen Medien
1956, 62 Seiten, 23 Abb., 5 Tabellen, DM 13,70

HEFT 288
Dr. K. Brücker-Steinkuhl, Düsseldorf
Anwendung mathematisch-statischer Verfahren in der Industrie
1956, 103 Seiten, 27 Abb., 14 Tabellen, DM 24,20

HEFT 289
Prof. Dr.-Ing. H. Winterhager, Aachen
Kombinierter Widerstands- und Lichtbogen-Vakuumofen zur Verarbeitung von Titanschwamm
Prof. Dr. Dr. h. c. R. Schwarz, Aachen
Erforschung neuer Wege zur Darstellung von Titanmetall
1957, 42 Seiten, 18 Abb., DM 9,70

HEFT 290
Dr. D. Horstmann, Düsseldorf
I. Der verstärkte Angriff des Zinks auf Eisen im Temperaturgebiet um 500° C
II. Einfluß eines Antimongehaltes auf den Angriff von Zinkschmelzen auf Eisen
1956, 48 Seiten, 33 Abb., 3 Tabellen, DM 11,90

HEFT 291
Dr.-Ing. H. J. Wiester und Dr. D. Horstmann, Düsseldorf
Der Angriff eisengesättigter Zinkschmelzen auf silizium- und manganhaltiges Eisen
1956, 52 Seiten, 45 Abb., 8 Tabellen, DM 12,60

HEFT 292
Dipl.-Ing. W. Rohs und Text.-Ing. H. Griese, Bielefeld
Webversuche an Leinenwebstühlen mit verbesserter Schaftbewegung
1956, 34 Seiten, 3 Abb., 2 Tabellen, DM 7,60

HEFT 293
Prof. J. W. Korte, unter Mitarbeit von Dipl.-Ing. P. A. Mäcke und Dipl.-Ing. W. Leutzbach, Aachen
Die Leistungsfähigkeit von Verkehrsanlagen des motorisierten städtischen Straßenverkehrs
1956, 98 Seiten, 35 Abb., 5 Tabellen, 1 Falttafel, DM 22,50

HEFT 294
Dipl.-Ing. B. Naendorf, Essen
Untersuchungen industrieller Gasbrenner
1956, 58 Seiten, 6 Abb., 3 Tabellen, DM 12,40

HEFT 295
Prof. Dr.-Ing. H. Opitz und Dipl.-Ing. H. Axer, Aachen
Untersuchung und Weiterentwicklung neuartiger elektrischer Bearbeitungsverfahren
1956, 42 Seiten, 27 Abb., DM 10,30

HEFT 296
Prof. Dr.-Ing. H. Opitz, Aachen
I. Untersuchungen an elektronischen Regelantrieben
II. Statische Untersuchungen zur Ausnutzung von Drehbänken
1956, 46 Seiten, 18 Abb., DM 10,40

HEFT 297
Dr. K. Schaarwächter, Düsseldorf
Die Reduktion von Siliziumtetrachlorid im Lichtbogen zur nachfolgenden Silizierung von Eisenblechen
in Vorbereitung

HEFT 298
Prof. Dr.-Ing. E. Oehler, Aachen
Untersuchung von kritischen Drehzahlen, die durch Kreismomente verursacht werden
1956, 50 Seiten, 35 Abb., DM 13,15

HEFT 299
Dr. J. Fassbender und W. Hoppe, Bonn
Eine photoelektrische Nachlaufeinrichtung für Analogie-Rechenmaschinen
1956, 20 Seiten, 8 Abb., DM 7,65

HEFT 300
Prof. Dr. E. Schütz und Privatdozent Dr. H. Caspers, Münster
Tierexperimentelle Untersuchungen über die Alkoholwirkungen auf Erregbarkeit und bioelektrische Spontanaktivität der Hirnrinde
1956, 44 Seiten, 6 Abb., 1 Tabelle, DM 9,55

HEFT 301
Prof. Dr. W. Weltzien, Dr. G. Cossmann und P. Diehl, Krefeld
Über die fraktionierte Fällung von Polyamiden (II)
1956, 54 Seiten, 1 Abb., 16 Tabellen, DM 11,30

HEFT 302
Prof. Dr.-Ing. W. Wegener und Dipl.-Ing. W. Zahn, Aachen
Untersuchungen von gesponnenen Garnen auf ihre Gleichmäßigkeit nach verschiedenen Meßmethoden
1957, 58 Seiten, 34 Abb., DM 15,20

HEFT 303
Prof. Dr. Ing. S. Kiesskalt, Aachen
Das Institut für die Forschungsgesellschaft Verfahrenstechnik e. V. an der Technischen Hochschule Aachen
1956, 76 Seiten, 20 Abb., 3 Tabellen, DM 16,40

HEFT 304
Prof. Dr.-Ing. K. Krekeler, Düsseldorf, und Dipl.-Ing. A. Kleine-Albers, Aachen
Beitrag zur thermoelastischen Warmformbarkeit von Hart-PVC
1957, 72 Seiten, 29 Abb., DM 17,70

HEFT 305
Prof. Dr.-Ing. K. Krekeler, Düsseldorf, Dr.-Ing. H. Peukert, Aachen, und Dipl.-Ing. W. Schmitz, Siegburg
Heißgas-Schweißung von Hart-Polyvinylchlorid mit Zusatzwerkstoff
1956, 44 Seiten, 27 Abb., 5 Tabellen, DM 12,50

HEFT 306
Prof. Dr. B. Rensch, Münster
Elektrophysiologische Untersuchungen zur Analysierung der Bildung von Assoziationen und Gedächtnisspuren in Gehirn und Rückenmark
Prof. Dr. A. Loeser, Münster
Akute und chronische Giftwirkungen sauerstoffhaltiger Lösungsmittel
1956, 36 Seiten, 9 Abb., DM 8,90

HEFT 307
Privatdozent Dr. J. Juilfs, Krefeld
Vergleichende Untersuchungen zur elastischen und bleibenden Dehnung von Fasern
1956, 36 Seiten, 11 Abb., DM 8,30

HEFT 308
Privatdozent Dr. J. Juilfs, Krefeld
Zur Messung der Fadenglätte
1956, 22 Seiten, 10 Abb., 2 Tabellen, DM 8,—

HEFT 309
Prof. Dr. K. Cruse und Mitarbeiter, Clausthal-Zellerfeld
Aufbau und Arbeitsweise eines universell verwendbaren Hochfrequenz-Titrationsgerätes
1957, 48 Seiten, 29 Abb., DM 11,90

HEFT 310
Dr. P. F. Müller, Bonn
Die Integrieranlage des Rheinisch-Westfälischen Instituts für Instrumentelle Mathematik in Bonn
1956, 62 Seiten, 6 Abb., 30 Satzskizzen, DM 14,45

HEFT 311
Prof. Dr. F. Wever und Dr. M. Hempel, Düsseldorf
Dauerschwingfestigkeit von Stählen bei erhöhten Temperaturen
Teil I: Erkenntnisse aus bisherigen Dauerschwingversuchen in der Wärme
1956, 48 Seiten, 19 Abb., 2 Tabellen, DM 10,90

HEFT 312
Prof. Dr. F. Wever und Dr. M. Hempel, Düsseldorf
Dauerschwingfestigkeit von Stählen bei erhöhten Temperaturen
Teil II: Zug-Druck-Dauerschwingversuche an zwei warmfesten Stählen bei Temperaturen von 500 bis 650°
1956, 48 Seiten, 20 Abb., 3 Tabellen, DM 13,—

WESTDEUTSCHER VERLAG · KÖLN UND OPLADEN

HEFT 313
Prof. Dr. F. Wever, Dr. W. Koch und
Dipl.-Phys. H. Rohde, Düsseldorf
Änderungen des Babitus und der Gitterkonstanten des Zementits in Chromstählen bei verschiedenen Wärmebehandlungen
1956, 88 Seiten, 29 Abb., 8 Tabellen, DM 20,90

HEFT 314
Prof. Dr. F. Wever, Dr.-Ing. A. Krisch, Düsseldorf, und Dr.-Ing. H.-J. Wiester, Essen
Veränderungen im Gefügeaufbau von Chrom-Nickel-Molybdän-Stählen bei langzeitiger Beanspruchung im Zeitstandversuch bei 500°
1956, 48 Seiten, 26 Abb., 5 Tabellen, DM 11,70

HEFT 315
Prof. Dr. F. Wever und Dr.-Ing. A. Krisch, Düsseldorf
Metallkundliche Untersuchungen an Zeitstandproben
1956, 38 Seiten, 12 Abb., DM 9,15

HEFT 316
Dr. F. Keune, Aachen
Zusammenfassende Darstellung und Erweiterung des Aequivalenzsatzes für schallnahe Strömung
1956, 80 Seiten, 22 Abb., DM 17,90

HEFT 317
Dr.-Ing. J. Stelter, Aachen
Mikrobiologische Ultraschallwirkungen
1957, 106 Seiten, 41 Abb., 12 Tab., DM 23,90

HEFT 318
Dipl.-Ing. H. Kickert, Aachen
Über die Ausbreitung von Ultraschall in Luft
1957, 78 Seiten, 51 Abb., 7 Tab., DM 19,20

HEFT 319
Prof. Dr. C. Kröger, Aachen
Gemengereaktionen und Glasschmelze
1957, 118 Seiten, 53 Abb., 16 Tab., DM 26,—

HEFT 320
Dr. H.-E. Caspary, Köln
Verwendung von Szintillationszählern an Stelle von Zählrohren zur zerstörungsfreien Materialprüfung
1956, 42 Seiten, 13 Abb., 2 Tabellen, DM 10,10

HEFT 321
Prof. Dr. F. Wever, Düsseldorf, und Dr. W. Wepner, Köln
Gleichzeitige Bestimmung kleiner Kohlenstoff- und Stickstoffgehalte im a-Eisen durch Dämpfungsmessung
1956, 30 Seiten, 3 Abb., 4 Tabellen, DM 6,80

HEFT 322
Prof. Dr.-Ing. F. Bollenrath und Dipl.-Ing. W. Domke, Aachen
Eigenspannungen in vergüteten, dickwandigen Stahlzylindern nach Oberflächenhärtung mit induktiver Erwärmung
1956, 30 Seiten, 9 Abb., 2 Tabellen, DM 6,90

HEFT 323
Prof. Dr. R. Seyffert, Köln
Wege und Kosten der Distribution der Textilien, Schuh- und Lederwaren
1956, 98 Seiten, 37 Tabellen, 1 Falttaf., DM 12,—

HEFT 324
Prof. Dr.-Ing. H. Opitz, Dr.-Ing. E. Saljé und Dipl.-Ing. K. E. Schwartz, Aachen
Richtwerte für das Außenrund-Längs- und Einstechschleifen
1956, 62 Seiten, 44 Abb., 2 Tabellen, DM 13,85

HEFT 325
Prof. Dr. E. Schratz, Münster
Pharmakognostische Untersuchungen am Medizinal-Rhabarber
1957, 62 Seiten, 29 Abb., 3 Tabellen, DM 17,90

HEFT 326
Prof. Dr.-Ing. E. Essers und Mitarbeiter, Aachen
Deichselkräfte an Lastzügen
in Vorbereitung

HEFT 327
Prof. Dr.-Ing. habil. K. Krekeler und Dr.-Ing. H. Peukert, Aachen
Beitrag zur thermoelastischen Formbarkeit von Polyäthylen
1956, 56 Seiten, 49 Abb., 9 Tabellen, DM 12,80

HEFT 328
Dr. H. Maeder, Belo Horizonte
Schweißen von Temperguß
in Vorbereitung

HEFT 329
Dipl.-Ing. A. Krüger, Karlsruhe, und Feuerwehr-Ing. R. Radusch, Dortmund
Wasserzerstäubung im Strahlrohr
1956, 86 Seiten, 21 Abb., 3 Tabellen, DM 18,65

HEFT 330
Dipl.-Physiker E. Pepping, Aachen
Die Durchflußzahl des Rechteckschlitzes in einer sehr großen Wand
1957, 54 Seiten, 21 Abb., DM 12,35

HEFT 331
Dipl.-Ing. G. Bretschneider, Ruit
Die Messung der wiederkehrenden Spannung mit Hilfe des Netzmodelles
1957, 46 Seiten, 21 Abb., 2 Tab., DM 11,20

HEFT 332
Prof. Dr.-Ing. R. Jaeckel und Dr. G. Reich, Bonn
Messung von Dampfdrucken im Gebiet unter 10^{-2} Torr
1956, 42 Seiten, 16 Abb., 2 Tabellen, DM 10,40

HEFT 333
Prof. Dipl.-Ing. W. Sturtzel und Dr.-Ing. W. Graff, Duisburg
I. Der Flachwassereinfluß auf den Form- und Reibungswiderstand von Binnenschiffen
II. Der Flachwassereinfluß auf die Nachstrom- und Sogverhältnisse bei Binnenschiffen
1956, 44 Seiten, 14 Abb., DM 9,80

HEFT 334
Prof. Dr. W. Weizel und Dr. G. Meister, Bonn
Spektralanalyse durch Messung des Interferenz-Kontrastes
1956, 42 Seiten, DM 9,80

HEFT 335
Prof. Dr. W. Weizel und H. Hornberg, Bonn
Untersuchungen der anodischen Teile einer Glimmentladung
1957, 62 Seiten, 14 Farbabb., 21 Abb., 1 Tab., DM 32,80

HEFT 336
Dr. Tung-ping Yao, Aachen
Die Viskosität metallischer Schmelzen
1957, 64 Seiten, 28 Abb., 2 Tab., DM 14,40

HEFT 337
Dr. R. Hoeppener und Dr. W. Bierther, Bonn
Tektonik und Lagestätten im Rheinischen Schiefergebirge
1957, 66 Seiten, 14 Abb., DM 16,25

HEFT 338
Prof. Dr.-Ing. W. Wegener, Aachen, und Dipl.-Ing. J. Schneider, M.-Gladbach
Die Bedeutung der Knotenart für die Herabminderung der Fadenbrüche
1957, 40 Seiten, 6 Abb., DM 11,90

HEFT 339
Prof. Dr.-Ing. W. Wegener und Dipl.-Ing. W. Zahn, Aachen
Vergleich des normalen mit verschiedenen abgekürzten Baumwollspinnverfahren in bezug auf Gleichmäßigkeit und Sortierungsstreuung der Garne
1956, 56 Seiten, 17 Abb., 17 Tabellen, DM 12,70

HEFT 340
Dipl.-Ing. W. Rohs und Dipl.-Ing. R. Otto, Bielefeld
Das Naßspinnen von Bastfasergarnen mit Spinnbadzusätzen unter Ausnutzung einer zentralen Spinnwasserversorgungsanlage
1956, 56 Seiten, 2 Abb., 6 Tabellen, DM 11,60

HEFT 341
Prof. Dr.-Ing. H. Winterhager und Dipl.-Ing. L. Werner, Aachen
Präzisions-Meßverfahren zur Bestimmung des elektrischen Leitvermögens geschmolzener Salze
1956, 44 Seiten, 19 Abb., 1 Tabelle, DM 10,60

HEFT 342
Prof. Dr.-Ing. H. Winterhager und Dipl.-Ing. W. Barthel, Aachen
Die Gewinnung von Titanschlackenkonzentraten aus eisenreichen Ilemniten
1957, 60 Seiten, 30 Abb., 6 Tab., DM 13,30

HEFT 343
Prof. Dr.-Ing. W. Petersen, Aachen, und Dipl.-Ing. S. Wawroschek, Aachen
Die zweckmäßigsten Gütebestimmungsverfahren und Brikettierungsbedingungen bei der Erzeugung von Braunkohlen-Eisenerz-Briketts
1956, 64 Seiten, 28 Abb., DM 13,95

HEFT 344
Prof. Dr.-Ing. W. Fucks, Aachen
Zur Deutung einfachster mathematischer Sprachcharakteristiken
1956, 38 Seiten, 12 Abb., DM 7,80

HEFT 345
Dipl.-Ing. G. Cerbe und Dipl.-Ing. H. Monstadt, Essen
Konvektive Trocknung mit gasbeheizter Luft und Trocknung durch Gasstrahler
1957, 46 Seiten, 16 Abb., DM 10,40

HEFT 346
Dipl.-Ing. O. Arnold, Aachen
Erfahrungen mit Kernbohrungen zur Lagerstättenuntersuchung im Erzbergbau
1957, 36 Seiten, 2 Abb., 3 Falttaf. 6 Tab., DM 8,80

HEFT 347
S. Ruff, F. Kipp, H. Hansteen und G. Müller, Bonn
Untersuchungen zur Frage der Gehörschädigungen des fliegenden Personals der Propellerflugzeuge
1957, 50 Seiten, 27 Abb., 3 Tab., DM 11,10

HEFT 348
Prof. Dr.-Ing. E. Piwowarsky und Dr.-Ing. E. G. Nickel, Aachen
Metallurgie eines hochwertigen Gußeisens mit kompakter bis kugelförmiger Graphitausbildung
1957, 54 Seiten, 27 Abb., 5 Tab., DM 13,30

HEFT 349
Dr.-Ing. W. A. Fischer, Dr.-Ing. H. Treppschuh und Dr.-Ing. K. H. Köthemann, Düsseldorf
Tiegel aus Schmelzmagnesia für Vakuuminduktionsöfen
1957, 34 Seiten, 14 Abb. DM 8,40

HEFT 350
Prof. Dr.-Ing. habil. K. Krekeler und Dr.-Ing. H. Peukert, Aachen
Das Spannungsverhalten der Kunststoffe bei der Verarbeitung
in Vorbereitung

HEFT 351
Prof. Dr.-Ing. H. Opitz, Dipl.-Ing. H. Axer und Dipl.-Ing. H. Rhode, Aachen
Zerspanbarkeit hochwarmfester und nichtrostender Stähle. Teil I
1957, 96 Seiten, 73 Abb., 2 Tab., DM 21,80

HEFT 352
Dipl.-Ing. H. Fauser, Aachen
Fahrdynamik und Batterie-Arbeitsverbrauch von Akkumulatorenlokomotiven im Untertagebetrieb
in Vorbereitung

HEFT 353
Forschungsinstitut für Rationalisierung, Aachen
Schlagwortregister zur Rationalisierung
1957, 376 S., DM

HEFT 354
Dipl.-Ing. D. Wagener, Aachen
Auswirkungen neuer Gaserzeugungs-Verfahren unter Berücksichtigung der Auswirkung auf den Kokereibetrieb
in Vorbereitung

HEFT 355
Prof. Dr.-Ing. habil. K. Krekeler, Dr.-Ing. H. Peukert und Dipl.-Ing. A. Kleine-Albers, Aachen
Heißgas-Schweißungen von Weich-Polyvinylchlorid mit Zusatzwerkstoff
in Vorbereitung

HEFT 356
Dipl.-Phys. G. Gurke, Aachen
Aufbau einer Meßanlage für Untersuchungen elektrischer Gasentladung im Bereiche großer p. d.-Werte
1956, 38 Seiten, 13 Abb., DM 8,65

HEFT 357
Prof. Dr.-Ing. W. Fucks, Aachen
Mathematische Analyse der Formalstruktur von Musik
in Vorbereitung

HEFT 358
Prof. Dr. rer. nat. W. Weltzien, Dipl.-Chem. P. Ringel und Text.-Ing. H. Kirchhoff, Krefeld
Die Waschechtheit von Färbungen. Vergleichende Untersuchungen auf dem Gebiete der Echtheitsprüfung
in Vorbereitung

HEFT 359
Dr.-Ing. F. J. Meister, Düsseldorf
Veränderung der Hörschärfe, Lautheitsempfindung und Sprachaufnahme während des Arbeitsprozesses bei Lärmarbeitern
1957, 84 Seiten, 11 Abb., 1 Tab., 40 Audiogramme, 40 Tab., DM 19,90

HEFT 360
Dr.-Ing. E. Barz, Remscheid
Fertigungsverfahren und Spannungsverlauf bei Kreissägeblättern für Holz
1957, 72 Seiten, 40 Abb., DM 17,—

HEFT 361
Dipl.-Ing. H. F. Klein, Aachen
Die nichtstationären Strömungsvorgänge und der Wärmeübergang in einem Schwingfeuergerät
1957, 84 Seiten, 34 Abb., 4 Falttafeln, DM 25,90

HEFT 362
Prof. Dr. med. G. Lehmann und Dipl.-Phys. D. Dieckmann, Dortmund
Die Wirkung mechanischer Schwingungen (0,5 bis 100 Hertz) auf den Menschen
1957, 100 Seiten, 53 Abb., 6 Tab., DM 22,50

HEFT 363
Dr.-Ing. U. Domm, Frankenthal (Pfalz)
Über eine Hypothese, die den Mechanismus der Turbulenz-Entstehung betrifft
1956, 28 Seiten, 4 Abb., DM 6,45

HEFT 364
Prof. Dr. Th. Beste, Köln
Die Mehrkosten bei der Herstellung ungängiger Erzeugnisse im Vergleich zur Herstellung vereinheitlichter Erzeugnisse
1957, 352 Seiten, DM 50,—

HEFT 365
Sozialforschungsstelle an der Universität Münster, Dortmund
Standort und Wohnort
1957, Textband: 350 Seiten, 28 Karten, 73 Tab.
Anlageband: 15 Karten, 21 Tab., DM 99,—

HEFT 366
Versuchsanstalt für Binnenschiffbau e. V., Duisburg
Bei Flachwasserfahrten durch die Strömungsverteilung am Boden und an den Seiten stattfindende Beeinflussung des Reibungswiderstandes von Schiffen
1957, 96 Seiten, 39 Abb., 28 Tab., DM 20,40

HEFT 367
Dr. rer. nat. D. Horstmann, Düsseldorf
Der Angriff eisengesättigter Zinkschmelzen auf kohlenstoff-, schwefel- und phosphorhaltiges Eisen
1957, 52 Seiten, 22 Abb., 6 Tab., DM 12,85

HEFT 368
Prof. Dr. phil. H. Kaiser, Dortmund
Entwicklung betriebsmäßiger spektrochemischer Analysenverfahren für technische Gläser
1957, 40 Seiten, 11 Abb., DM 9,10

HEFT 369
Prof. Dr.-Ing. R. Jaeckel und Dipl.-Phys. F. J. Schittko, Bonn
Gasabgabe von Werkstoffen ins Vakuum
1957, 48 Seiten, 20 Abb., 6 Tab., DM 13,30

HEFT 370
Dr. phil. habil. F. Schwarz, Köln
Physikochemische Grundlagen der Bildsamkeit von Kalken unter Einbeziehung des Begriffes der aktiven Oberfläche
in Vorbereitung

HEFT 371
Dr. phil. W. Lejeune, Köln
Beitrag zur statistischen Verifikation der Minderheiten-Theorie
in Vorbereitung

HEFT 372
Prof. Dr. phil. M. von Stackelberg, Bonn
Untersuchungen zur Ausarbeitung und Verbesserung von polarographischen Analysenmethoden. 2. Bericht
1957, 44 Seiten, 9 Abb., 7 Tab., DM 10,10

HEFT 373
Dipl.-Ing. H. J. Koch, Essen
Druckgasfeuerung — ein Verfahren zum Betrieb von Gasfeuerstätten
1957, 38 Seiten, 8 Abb., 10 Tab., DM 8,50

HEFT 374
Dr. E. Paproth, Krefeld
Paläontologische Bearbeitung der in den devonischen Schichten des Siegerlandes enthaltenen Faunen
1957, 38 Seiten, 3 Tab., DM 8,30

HEFT 375
Technischer Überwachungsverein e. V., Essen
Wanddickenmessungen mittels radioaktiver Strahlen und Zählrohrgerät
in Vorbereitung

HEFT 376
Technischer Überwachungsverein e. V., Essen
Wasserumlaufprobleme an Hochdruckkesseln
in Vorbereitung

HEFT 377
Technischer Überwachungsverein e. V., Essen
Versuche an Wanderrostkesseln mit befeuchteter Verbrennungsluft
in Vorbereitung

HEFT 378
Oberingenieur H. Stein, M.-Gladbach
Beobachtung und maßtechnische Erfassung der Vorgänge im Spinn- und Aufwindefeld von Ringspinn- und Ringzwirnmaschinen
in Vorbereitung

HEFT 379
Laboratorium für textile Meßtechnik, M.-Gladbach
Schußfadenspannung beim Weben
in Vorbereitung

HEFT 380
Dipl.-Phys. R. Trappenberg, Karlsruhe
Theoretische und experimentelle Untersuchungen zur Staubverteilung einer Rauchfahne
in Vorbereitung

HEFT 381
Dr. J. Juilfs, Krefeld
Zur Dichtebestimmung von Fasern. Methoden und Beispiele der praktischen Anwendung
in Vorbereitung

HEFT 382
Dr. phil. habil. P. Hölemann, Ing. R. Hasselmann und Ing. G. Dix, Dortmund
Die Messung von Flammen und Detonationsgeschwindigkeiten bei der explosiven Zersetzung von Acetylen in Rohren
1957, 36 Seiten, 7 Abb., 4 Tab., DM 8,10

HEFT 383
Dr. phil. habil. P. Hölemann und Ing. R. Hasselmann, Dortmund
Verlauf von Azetylenexplosionen in Rohren bei Gegenwart von porösen Massen
in Vorbereitung

HEFT 384
Prof. Dr.-Ing. H. Opitz, Aachen
Schwingungsuntersuchungen an Werkzeugmaschinen
in Vorbereitung

HEFT 385
Prof. Dr.-Ing. H. Opitz, Aachen
Zerspanbarkeit hochwarmfester und nichtrostender Stähle. Teil II
in Vorbereitung

HEFT 386
Prof. Dr.-Ing. H. Opitz, Aachen
Standzeituntersuchungen und Verschleißmessungen mit radioaktiven Isotopen
in Vorbereitung

HEFT 387
Prof. Dr. med. W. Kikuth und Dozent Dr. med. L. Grün, Düsseldorf
Die Verhütung von Infektion durch Desinfektion des Raumes und der Raumluft
in Vorbereitung

HEFT 388
Prof. Dr. rer. nat. habil. W. Baumeister und Dr. rer. nat. H. Burghardt, Münster
Die Bedeutung der Elemente Zink und Fluor für das Pflanzenwachstum
1957, 48 Seiten, 17 Tab. DM 10,20

HEFT 389
Prof. Dr.-Ing. habil. H. Fink und K. W. Hoppenhaus, Köln
Die biologische Eiweiß-Synthese von höheren und niederen Pilzen und die alimentäre Lebernekrose der Ratte
1957, 76 Seiten, 2 Abb., 24 Tab., DM 15,60

HEFT 390
Dr.-Ing. J. Endres und Dr.-Ing. G. Hiebel, München
Berechnung der optimalen Leistungen, Kraftstoffverbräuche und Wirkungsgrade von Luftfahrt-Gasturbinen-Triebwerken am Boden und in der Höhe bei Fluggeschwindigkeiten von 0–2000 km/h und bei vorgegebenen Düsenausströmgeschwindigkeiten
in Vorbereitung

HEFT 391
Prof. Dr. phil. F. Wever, Dr. phil. W. Koch und Dipl.-Chem. F. Stricker, Düsseldorf
Die quantitative spektrographische Analyse von Gasgemischen aus Kohlenmonoxyd, Wasserstoff und Stickstoff
in Vorbereitung

HEFT 392
Prof. Dr. phil. F. Wever u. a., Düsseldorf
Untersuchungen über den Konverterrauch im Hinblick auf die spektrale Überwachung des Thomasprozesses
in Vorbereitung

HEFT 393
Dr.-Ing. O. Viertel und S. Brückner-Lucas, Krefeld
Arbeitszeitstudien an Haushaltwaschmaschinen
in Vorbereitung

HEFT 394
Privatdozent Dr. med. W. Koch, Münster
Die Ablagerung radioaktiver Substanzen im Knochen
in Vorbereitung

HEFT 395
Dipl.-Ing. L. Hahn, Clausthal-Zellerfeld
Untersuchungen zur Frage des optimalen Bohrloch- und Patronendurchmessers
in Vorbereitung

HEFT 396
Prof. Dr.-Ing. F. Schultz-Grunow, Dr.-Ing. A. Jogerich, Essen, Dipl.-Ing. H. Meyer, cand. ing. P. Sand, Aachen
Untersuchungen des Luftwiderstandes von Güterwagen
in Vorbereitung

HEFT 397
Techn.-Wissenschaftliches Büro für die Bastfaserindustrie, Bielefeld
Ungleichmäßigkeiten in Bändern von Bastfaserkarden, ihre Ursachen und Auswirkungen
1957, 60 Seiten, 18 Abb., 1 Tab., DM 14,80

HEFT 398
Prof. Dr. habil. H. E. Schwiete, Aachen, u. a.
Einlagerungsversuche an synthetischem Mullit I. — Die Zusammensetzung der Schmelzphase in Schamottesteinen I
in Vorbereitung

HEFT 399
Prof. Dr. habil. H. E. Schwiete und Dr.-Ing. R. Vinkeloe, Aachen
Möglichkeiten der quantitativen Mineralanalyse mit dem Zählrohrgerät unter besonderer Berücksichtigung der Mineralgehaltsbestimmung von Tonen
in Vorbereitung

HEFT 400
Prof. Dr. phil. W. Fuchs und Dipl.-Chem. H. Weyerstrass, Aachen
Entwicklung eines Heißfilters zur Reinigung von Gichtgas eines mit Kohle betriebenen Niederschachtofens
in Vorbereitung

HEFT 401
Prof. Dr.-Ing. M. Lipp und Dipl.-Chem. G. Frielingsdorf, Aachen
Darstellung reaktionsfähiger Verbindungen des Camphansystems und Versuche zu deren Fluorierung
1957, 84 Seiten, DM 17,—

HEFT 402
Prof. Dr. W. Linke, Aachen
Die Wärmeübertragung durch Thermopane-Fenster
in Vorbereitung

HEFT 403
Prof. Dr.-Ing. P. Denzel und Dipl.-Ing. W. Cremer, Aachen
Verbesserung der Benutzungsdauer der Höchstlast in ländlichen Netzen durch Anwendung elektrischer Geräte in der Landwirtschaft
in Vorbereitung

HEFT 404
Prof. Dr. R. Jaeckel und Dipl.-Phys. F. Gross, Bonn
Die Löslichkeit von Gasen in schwerflüchtigen organischen Flüssigkeiten
1957, 46 Seiten, 17 Abb., 1 Tab., DM 11,50

HEFT 405
Prof. Dr.-Ing. H. Opitz und Dipl.-Ing. H. Schuler, Aachen
Untersuchungen für einen Wirtschaftlichkeitsvergleich der Feinbearbeitungsverfahren
in Vorbereitung

HEFT 406
W. Kirsch, Remscheid
Entwicklungsarbeiten auf dem Gebiete des Korrosionsschutzes
1957, 86 Seiten, 28 Abb., 11 Tabellen, DM 19,—

HEFT 407
Prof. Dr.-Ing. H. Schenk, Aachen, und Dr.-Ing. W. Wenzel, Bad Godesberg
Entwicklungsarbeiten auf dem Gebiete der Verhüttung von Erzstaub in Schmelzkammern
1957, 82 Seiten, 9 Abb., 18 Tabellen, DM 17,10

HEFT 408
Prof. Dr. phil. F. Wever, Dr.-Ing. W. Lueg und Dr.-Ing. H. G. Müller, Düsseldorf
Kraft- und Arbeitsbedarf beim Warmscheren von Stahl in Abhängigkeit von Temperatur und Schnittgeschwindigkeit
in Vorbereitung

WESTDEUTSCHER VERLAG · KÖLN UND OPLADEN

HEFT 409
Prof. Dr. phil. F. Wever, Dr. phil. W. Koch, Dr. rer. nat. Ch. Ilschner-Gensch und Dipl.-Phys. H. Rohde, Düsseldorf
Das Auftreten eines kubischen Nitrids in aluminiumlegierten Stählen
1957, 38 Seiten, 12 Abb., 3 Tabellen, DM 10,10

HEFT 410
Prof. Dr. phil. F. Wever, Prof. Dr. rer. techn. A. Kochendörfer, Dr. phil. nat. M. Hempel, Düsseldorf und Dipl.-Phys. E. Hillenhagen, Köln
Biegewechselversuche mit Flachproben aus Alpha-Eisen-Einkristallen zur Bestimmung der Wechselfestigkeit und der Gleitspuren
in Vorbereitung

HEFT 411
Prof. Dr. W. Halbsguth und Dr. L. Sommer, Frankfurt/M.
Grundlegende Versuche zur Keimungsphysiologie von Pilzsporen
in Vorbereitung

HEFT 412
Prof. Dr.-Ing. H. Opitz, Aachen
Kennwerte und Leistungsbedarf für Werkzeugmaschinengetriebe
in Vorbereitung

HEFT 413
Prof. Dr.-Ing. H. Opitz, Aachen
Richtwerte für das Fräsen von unlegierten und legierten Baustählen mit Hartmetall, Teil II
in Vorbereitung

HEFT 414
Dr. med. H. K. Parchwitz und Dr. med. C. Winkler, Bonn
Speicherung organischer Farbstoffe und künstlich radioaktiver Substanzen in Geschwülsten
in Vorbereitung

HEFT 415
Prof. Dr.-Ing. W. Paul, Dr. rer. nat. O. Osberghaus und Dipl.-Phys. E. Fischer, Bonn
Ein Ionenkäfig
in Vorbereitung

HEFT 416
Oberreg.-Gewerberat Dipl.-Ing. G. Steinicke, Hamburg
Die Wirkung von Lärm auf den Schlaf des Menschen
1957, 46 Seiten, 14 Abb., 8 Tab., DM 11,60

HEFT 417
Prof. Dr.-Ing. habil. E. Rößger, Berlin
I. Teil: Die Entwicklung des Weltluftverkehrs, Ergänzungsbericht 1954
II. Teil: Die zivile Luftfahrtpolitik der USA
1957, 230 Seiten, 6 Abb., 83 Tab., DM 48,—

HEFT 418
O. Gdaniec, Mülheim/Ruhr
Über die Randlochkarte als Hilfsmittel in der Dokumentation
1957, 44 Seiten, 15 Abb., 8 Tab., DM 10,10

HEFT 419
K. Brooks
Die Messungen der Reflexionseigenschaften künstlicher und natürlicher Materialien mit quasi-optischen Methoden bei Mikrowellen
in Vorbereitung

HEFT 420
M. Vogel
Das Spektralgebiet zwischen dem langwelligen Ultrarot und Mikrowellen
1957, 66 Seiten, 2 Abb., DM 13,50

HEFT 421
ORR Dipl.-Volkswirt Dr. H. Rogmann, Düsseldorf
Die Erforschung der Verkehrskonjunktur und der langzeitigen Dynamik in der Verkehrswirtschaft (Zusammenfassung der eingegangenen Stellungnahmen und Vorschläge)
1957, 168 Seiten, 3 Tab., DM 26,60

HEFT 422
Prof. Dr.-Ing. K. Leist und Dipl.-Ing. W. Dettmering, Aachen
Prüfstände zur Messung der Druckverteilung an rotierenden Schaufeln
in Vorbereitung

HEFT 423
Prof. Dr.-Ing. K. Leist und Dr.-Ing. O. Thun, Aachen
Strömungsmessungen über Brennkammer-Wirkungsgrade
in Vorbereitung

HEFT 424
Prof. Dr.-Ing. K. Leist und Dipl.-Ing. I. Weber, Aachen
Spannungsoptische Untersuchungen von rotierenden Scheiben mit exzentrischen Bohrungen
in Vorbereitung

HEFT 425
Dipl.-Ing. H. Lübke, Hamburg
Gasturbinen und Strahlantriebe für Hubschrauber
in Vorbereitung

HEFT 426
Prof. Dr.-Ing. H. Opitz und Dipl.-Ing. W. Scholz, Aachen
Untersuchungen über den Räumvorgang
1957, 74 Seiten, 36 Abb., 7 Tab., DM 16,55

HEFT 427
Dr.-Ing. J. Endres, München
Kinematische Untersuchung eines Zweitakt-Hochleistungs-Dieseltriebwerks mit achsparallelen Zylindern und gegenläufigen Kolben
in Vorbereitung

HEFT 428
Dr.-Ing. J. Endres, München
Untersuchungen der Beschleunigungsverhältnisse eines Zweitakt-Hochleistungs-Dieseltriebwerks mit achsparallelen Zylindern und gegenläufigen Kolben
in Vorbereitung

HEFT 429
Prof. Dr. O. Kuhn, Köln
Selektive Wirkung verschiedener Stoffgruppen auf tierische Gewebe
1957, 54 Seiten, 32 Abb., DM 13,15

HEFT 430
Prof. Dr. G. Garbotz, Aachen und Dr.-Ing. G. Dress, Cadiz
Untersuchungen über das Kräftespiel an Flachbagger-Schneidwerkzeugen in Mittelsand und schwach bindigem, sandigem Schluff unter besonderer Berücksichtigung der Planierschilde und ebenen Schürfkübelschneiden
in Vorbereitung

HEFT 431
Prof. Dr.-Ing. H. Winterhager, Dr.-Ing. R. Kammel und Dipl.-Ing. W. Barthel, Aachen
Fortschritte auf dem Gebiet der Titanmetallurgie 1950—1955
in Vorbereitung

HEFT 432
Dipl.-Phys. R. Werz, Bonn
Die Entwicklung einer Synchrozyklotron-Ionenquelle
in Vorbereitung

HEFT 433
Dr.-Ing. G. Satlow, Aachen
Über einige physikalische und chemische Eigenschaften der Wolle von der gewaschenen Wolle bis zum Kammzug
1957, 72 Seiten, 15 Abb., 19 Tab., DM 15,25

HEFT 434
Dipl.-Ing. W. Rohs und Dr. J. Geurten, Bielefeld
Schlichten für Baumwollgarne
in Vorbereitung

HEFT 435
Dipl.-Ing. W. Rohs und Dipl.-Ing. L. Steinmetz, Bielefeld
Die Masseungleichmäßigkeit von Flachstreckenbändern in Abhängigkeit von Verzug und Dopplung
in Vorbereitung

HEFT 436
Priv.-Doz. Dr. habil. J. Juilfs, Krefeld
Zur Bestimmung der Reißlast (Zugfestigkeit) von Fasern, Fäden und Garnen

HEFT 437
Prof. Dr. G. Schmölders und Dr. I. Meyer, Köln
Geldwertbewußtsein und Münzpolitik. — Das sogenannte Gresham'sche Gesetz im Lichte der ökonomischen Verhaltensforschung
1957, 92 Seiten, DM 20,30

HEFT 438
Prof. Dr.-Ing. H. Winterhager und Dr.-Ing. L. Werner, Aachen
Bestimmung des elektrischen Leitvermögens geschmolzener Fluoride
1957, 52 Seiten, 18 Abb., 10 Tab., DM 11,90

HEFT 439
Prof. Dr. phil. H. Lange, Köln und Dr. rer. nat. R. Kohlhaas, Neuß/Rh.
Anwendung der thermomagnetischen Analyse zum Studium des Umwandlungsverhaltens von Eisenwerkstoffen im Temperaturbereich von —150° C bis +150°C
in Vorbereitung

HEFT 440
Dr.-Ing. H. Wolf, Aachen
Gekoppelte Hochfrequenzleitungen als Richtkoppler
in Vorbereitung

HEFT 441
Dr. phil. habil. P. Hölemann und Ing. R. Hasselmann, Düsseldorf
Messung des Temperatur- und Druckverlaufes beim Füllen und Entspannen von Dissousgas
1957, 52 Seiten, 6 Abb., 7 Tab., DM 11,25

HEFT 442
Dipl.-Ing. W. Rohs, Text.-Ing. Griese und Text.-Ing. W. Lauer, Bielefeld
Die Auswirkungen der Trocknungsart naßgesponnener Leinengarne auf deren Verarbeitungswirkungsgrad sowie auf die Festigkeits- und Dehnungseigenschaften der Garne und Gewebe
1957, 28 Seiten, 2 Abb., 3 Tab., DM 6,50

HEFT 443
Prof. Dr. phil. W. Weizel und K. Kluth, Bonn
Über die Struktur der positiven Gleitentladungen
in Vorbereitung

HEFT 444
Dr.-Ing. W. Wilhelm, Aachen
Einfluß der Saugrohrabmessung, der Einlaßsteuerlage und der Größe des Kurbelkastenvolumens auf den Ladungswechsel eines Einzylinder-Zweitakt-Dieselmotors
in Vorbereitung

HEFT 445
Dr.-Ing. E. Barz, Remscheid
Fertigungs- und Prüfverfahren für Feilen
vergriffen

HEFT 446
Dr. med. G. Schäfer
Glutationsstoffwechsel und Sauerstoffmangel
1957, 28 Seiten, 5 Tab., DM 6,40

HEFT 447
Prof. Dr.-Ing. F. Bollenrath, Aachen, Dr.-Ing. H. Füllenbach, Seesen/Harz und Dipl.-Ing. J. Schumacher, Neubeckum/Westf.
Entwicklung rationell arbeitender Spritzkabinen
in Vorbereitung

HEFT 448
Dr. med. C. Winkler, Bonn
Ein Koinzidenz-Szintillometer zum Zwecke der Schilddrüsenfunktionsdiagnostik und der Tumordiagnostik
in Vorbereitung

HEFT 449
Priv.-Doz. Oberbaurat Dr.-Ing. W. Meyer zur Capellen und Mitarbeiter, Aachen
Bewegungsverhältnisse an der geschränkten Schubkurbel
in Vorbereitung

HEFT 450
Prof. Dr.-Ing. W. Paul, Bonn und Dipl.-Phys. H. P. Reinhard, M.-Gladbach
Das elektrische Massenfilter als Isotopentrenner
in Vorbereitung

HEFT 451
Prof. Dr. G. Schmölders, Köln
Rationalisierung und Steuersystem
in Vorbereitung

HEFT 452
Prof. Dr. rer. nat. W. Weltzien und Dr. phil. K. Windeck, Krefeld
Veränderungen an Fasern bei der Bleiche mit Natriumchlorid und über einige Vergilbungserscheinungen
in Vorbereitung

HEFT 453
Forschungsinstitut der Feuerfest-Industrie, Bonn
Die Arbeiten der technisch-wissenschaftlichen Kommission der PRE (Vereinigung der europäischen Feuerfest-Industrie)
in Vorbereitung

HEFT 454
Dr.-Ing. W. Piepenburg, Dipl.-Ing. B. Bühling und Bauing. J. Behnke, Köln
Haftfestigkeit der Putzmörtel
in Vorbereitung

WESTDEUTSCHER VERLAG · KÖLN UND OPLADEN

HEFT 455
Dr.-Ing. W. A. Fischer, Dr.-Ing. H. Treppschuh und Dipl.-Phys. K. H. Köthemann, Düsseldorf
Erschmelzung von Reinsteisen nach dem Kohlenstoffproduktionsverfahren und Kerbschlagzähigkeit-Temperatur-Kurven dieses Eisens
in Vorbereitung

HEFT 456
Priv.-Doz. Dir. Dr.-Ing. K. Bungardt, Essen
Zeitstandversuche an austenitischen Stählen und Legierungen
in Vorbereitung

HEFT 457
Prof. Dr. phil. F. Wever, Düsseldorf und Dr. phil. W. Wepner, Köln
Dämpfungsmessungen an schwach gereckten Eisen-Kohlenstoff-Legierungen
1957, 34 Seiten, 7 Abb., 3 Tab., DM 8,40

HEFT 458
Prof. Dr.-Ing. H. Schenck und Dr.-Ing. E. Schmidtmann, Aachen
Das Frischen von Thomas-Roheisen mit Sauerstoff-Wasserdampf-Gemischen und die Eigenschaften der damit erblasenen Stähle
in Vorbereitung

HEFT 459
Prof. Dr. phil. F. Wever, Dr. phil. O. Krisement und Hanna Schädler, Düsseldorf
Ein isothermes Mikrokalorimeter zur kinetischen Messung von Umwandlungs- und Ausscheidungsvorgängen in Legierungen
in Vorbereitung

HEFT 460
Prof. Dr. phil. F. Wever und Dr. rer. nat. B. Ilschner, Düsseldorf
Ein isothermes Lösungskalorimeter zur Bestimmung thermo-dynamischer Zustandsgrößen von Legierungen
in Vorbereitung

HEFT 461
Prof. Dr.-Ing. habil. E. Piwowarski †, Prof. Dr.-Ing. W. Patterson und Dipl.-Ing. F. W. Iske, Aachen
Verbesserung der Zähigkeitseigenschaften von Bessemer-Stahlguß
in Vorbereitung

HEFT 462
Prof. Dr. rer. nat. J. Weissinger
Zur Aerodynamik des Ringflügels — II. Die Ruderwirkung
Zur Aerodynamik des Ringflügels — III. Der Einfluß der Profildicken
in Vorbereitung

HEFT 463
Dipl.-Ing. G. Plüss, Essen-Steele
Die Aufteilung der verbrennlichen Bestandteile in Verbrennungsgasen auf CO und H_2 bei Verbrennung mit Luftunterschuß und bei Luftüberschuß und künstlicher Flammenkühlung
in Vorbereitung

HEFT 464
Dr. phil. habil. P. Hölemann und Ing. R. Hasselmann, Dortmund
Die Möglichkeit der Zündung von Acetylen in Rohrleitungen beim Ausbleiben mit Stickstoff
in Vorbereitung

HEFT 465
Dr.-Ing. R. Koch, Köln
Amerikanische Fertigungsunterlagen und ihre Werkstattreifmachung für deutsche Betriebe
in Vorbereitung

HEFT 466
Prof. Dr.-Ing. J. Mathieu, Aachen
Überbetrieblicher Verfahrensvergleich
in Vorbereitung

HEFT 467
Prof. Dr. Dr. h. c. E. Klenk und Dr. phil. H. Faillard, Köln
Neue Erkenntnisse über den Mechanismus der Zellinfektion durch Influenzavirus
Die Bedeutung der Neuraminsäure als Zellreceptor für das Influenzavirus
in Vorbereitung

HEFT 468
Prof. Dr. med. Dr. med. dent. G. Korkhaus und Dr. med. R. Alfter, Bonn
Die Vakuumwurzelbehandlung
in Vorbereitung

HEFT 469
Dr. sc. agr. F. Riemann und Dipl.-Volksw. R. Hengstenberg, Göttingen
Zur Industrialisierung kleinbäuerlicher Räume
1957, 130 Seiten, 5 Karten, 23 Tab., DM 27,—

HEFT 470
O. Wehrmann
Hitzdrahtmessungen in einer aufgespaltenen Kármánschen Wirbelstraße
1957, 42 Seiten, 14 Abb., 4 Tab., DM 10,90

HEFT 471
Prof. Dr. phil. habil. A. Naumann, Dr.-Ing. A. Heyser und Dr. phil. Dipl.-Ing. W. Trommsdorf, Aachen
Der Überdruck-Windkanal in Aachen
in Vorbereitung

HEFT 472
Dipl.-Ing. A. Freitag, Essen-Steele
Verhalten von Katalytstrahlern bei Betrieb mit Luftvormischung zum Gas und der Verbrennung von Luft gegen eine Gasatmosphäre
in Vorbereitung

HEFT 473
Prof. Dr. phil. F. Wever, Dr.-Ing. W. Lueg und Dipl.-Ing. P. Funke jr. Düsseldorf
Versuche an einer hydraulischen 25 t-Stangenziehbank
in Vorbereitung

HEFT 474
Dr.-Ing. R. Ibing und Dipl.-Ing. G. Meier, Hannover
Eichung und Entwicklung von Staubentnahmesonden
in Vorbereitung

HEFT 475
Prof. Dipl.-Ing. W. Sturtzel, Obering. Helm und Dipl.-Ing. H. Heuser, Duisburg
Systematische Ruderversuche mit einem Schleppkahn und einem Binnenselbstfahrer vom Typ „Gustav Koenigs"
in Vorbereitung

HEFT 476
Prof. Dipl.-Ing. W. Sturtzel und Dipl.-Ing. Schmidt-Stiebitz, Duisburg
Einfluß der Hinterschiffsform auf das Manövrieren von Schiffen auf flachem Wasser
in Vorbereitung

HEFT 477
Dr. K. Utermann, Dortmund
Freizeitprobleme bei der männlichen Jugend einer Zechengemeinde
in Vorbereitung

HEFT 478
Prof. Dr.-Ing. habil. W. Petersen und Dr.-Ing. S. Wawroschek, Aachen
Brikettierungsversuche zur Erzeugung von Möllerbriketts unter Verwendung von Braunkohle
in Vorbereitung

HEFT 479
Prof. Dr.-Ing. W. Wegener, Aachen und Dipl.-Ing. H. Fourné, Bochum
Ursachen des Überschreitens der Toleranzgrenze nach oben oder unten (Meter pro Gramm) an der Strecke
in Vorbereitung

HEFT 480
Dr. phil. K. Brücker-Steinkuhl, Düsseldorf
Anwendung mathematisch-statistischer Verfahren bei der Fabrikationsüberwachung
in Vorbereitung

HEFT 481
Oberbaurat Dr.-Ing. W. Meyer zur Capellen, Aachen
Fünf- und sechspunktige Geradführung in Sonderlagen des ebenen Gelenkvierecks
in Vorbereitung

HEFT 482
Dipl.-Ing. R. Pels-Leusden und Dr. K. Bergmann, Essen
Die Frostbeständigkeit von Ziegeln; Einflüsse der Materialzusammensetzung und des Brandes
in Vorbereitung

HEFT 483
Prof. Dr.-Ing. habil. F. A. F. Schmidt, Aachen
Gemischbildungs-, Selbstzündungs- und Verbrennungsvorgänge als Grundlage für Entwicklungsarbeiten an Gasturbinenbrennkammern
in Vorbereitung

HEFT 484
Prof. Dr. habil H. E. Schwiete und Dr. G. Schwiete, Aachen
Beitrag zur Struktur des Montmorillonit
in Vorbereitung

HEFT 485
Prof. Dr. phil. E. Jenckel, Aachen, Dr. H. Wilsing, Dormagen, Dr. H. Dörffurt, Wesseling/Bez. Köln und Dipl.-Phys. H. Rinkens, Eschweiler
Kristallisation und Hochpolymeren
in Vorbereitung

HEFT 486
Doz. Dr. med. E. Lerche und Dr. med. J. Schulze, Aachen
Hörermüdung und Adaptation im Tierexperiment
in Vorbereitung

HEFT 487
Prof. Dipl.-Ing. W. Blume, Duisburg
Festigkeitseigenschaften kombinierter Leichtbaustoffe im Hinblick auf die Verkehrstechnik, insbesondere des Flugzeugbaus
in Vorbereitung

HEFT 488
Prof. Dr. habil. H. E. Schwiete und Dipl.-Chem. H. Westmark
Beitrag zur Kennzeichnung der Texturen von Schamottesteinen
in Vorbereitung

HEFT 489
Dipl.-Math. K. H. Müller
Strenge Lösungen der Navier-Stokes-Gleichung für rotationssymmetrische Strömungen
in Vorbereitung

HEFT 490
Hauptstelle für Staub- und Silikosebekämpfung des Steinkohlenbergbauvereins, Essen-Rüttenscheid
Zur Staub- und Silikosebekämpfung im Steinkohlenbergbau
in Vorbereitung

HEFT 491
Prof. Dr. Fr. Lotze und K. Kötter, Münster
Chloridgehalte des oberen Emsgebietes und ihre Beziehungen zur Hydrogeologie
in Vorbereitung

HEFT 492
Prof.-Dr. phil. J. Meixner und B. Manz, Aachen
Zur Theorie der irreversiblen Prozesse in α-Eisen
in Vorbereitung

HEFT 493
Prof. Dr. phil. habil. A. Naumann und Dipl.-Ing. H. Pfeiffer, Aachen
Versuche an Wirbelstraßen hinter Zylindern bei hohen Geschwindigkeiten
in Vorbereitung

HEFT 494
Dipl.-Ing. W. Rohs und Text.-Ing. Griese, Bielefeld
Entwicklung und Erprobung eines verbesserten elektrischen Kettfadenwächtergeschirrs für die Leinen- und Halbleinenweberei
in Vorbereitung

HEFT 495
Prof. Dr. phil. E. Asmus und Dr. rer. nat. H.-F. Kurandt, Berlin
Einige analytische Anwendungen der Zincke-Königschen Reaktion
in Vorbereitung

HEFT 496
Dipl.-Chem. P. Vogel, Krefeld
Färberische Eigenschaften von zur Herstellung von Verdickungen in der Stoffdruckerei bestimmten Sorten
in Vorbereitung

HEFT 497
Oberarzt Dr. med. G. Mußgnug, Bottrop
Die Knochenveränderungen und der Knochenstoffwechsel beim Sudeck-Syndrom
in Vorbereitung

HEFT 498
Prof. Dr.-Ing. H. Zahn und Dr. rer. nat. W. Gerstner, Aachen
Herstellung säurefester technischer Gewebe
in Vorbereitung

HEFT 499
Priv.-Doz. Dr. J. Juilfs, Krefeld
Die Bestimmung des Wasserrückhaltevermögens (bzw. des Quellwertes) von Fasern
in Vorbereitung

WESTDEUTSCHER VERLAG · KÖLN UND OPLADEN

HEFT 500
Priv.-Doz. Dr. J. Juilfs, Krefeld
Vergleichende Untersuchungen am Schopper-Scheuerprüfgerät
in Vorbereitung

HEFT 501
Dipl.-Ing. W. Rohs und Dr. J. Geurten, Bielefeld
Untersuchungen in der Leinengarnbleiche
in Vorbereitung

HEFT 502
Prof. Dr. M. Diem und Dr. R. Trappenberg, Karlsruhe
Berechnung der Ausbreitung von Staub und Gas
1957, 30 Seiten, Anhang 67 Diagramme, DM 37,30

HEFT 503
Prof. Dr. W. Weizel und Dr. rer. nat. J. Faßbender, Bonn
Untersuchungen über die Eigenschaften von Cadmiumsulfid-Sandwich-Zellen
in Vorbereitung

HEFT 504
Prof. Dr. phil. F. Wever, Dr. phil. W. Wink und Dr. rer. nat. W. Jellinghaus, Düsseldorf
Versuchsanordnung zur Messung der Suszeptibilität paramagnetischer Stoffe und Meßergebnisse an Nickel-Chrom- und Kobalt-Nickel-Chrom-Werkstoffen
in Vorbereitung

HEFT 505
Prof. Dr.-Ing. F. A. F. Schmidt und Dipl.-Ing. H. Heitland, Aachen
Einfluß des Selbstzündungsverhaltens der Kraftstoffe auf den Verbrennungsablauf, Wirkungsgrad und Druckverlust von Hochleistungsbrennkammern
in Vorbereitung

HEFT 506
Prof. Dr.-Ing. W. Meyer zur Capellen, Aachen
Der Flächeninhalt von Koppelkurven. — Ein Beitrag zu ihrem Formenwandel
in Vorbereitung

HEFT 507
Prof. Dr. H. Kaiser, Dr. G. Bergmann und Dr. G. Gresze, Dortmund
Kartei zur Dokumentation in der Molekülspektroskopie
in Vorbereitung

HEFT 508
Dr. H. Schmidt-Ries, Krefeld
Limnologische Untersuchungen des Rheinstromes I (Hydrobiologische und physiographische Untersuchungen
in Vorbereitung

HEFT 509
Dr. Schmidt-Ries, Krefeld
Limnologische Untersuchungen des Rheinstromes I (Tabellenwerk)
in Vorbereitung

HEFT 510
Prof. Dr. rer. nat. W. Groth und Dr.-Ing. K. Bayerle, Bonn
Anreicherung der Uranisotope nach dem Gaszentrifugenverfahren
in Vorbereitung

HEFT 511
H. Wahl, G. Kantenwein und W. Schäfer, Essen
Gesteinsbohr-Modellversuche zur Frage des Drehbohrens, Schlagbohrens und Drehschlagbohrens
in Vorbereitung

HEFT 512
Prof. Dr. H. Strassl, Bonn
Azimut-Monogramme für alle Stundenwinkel und Deklinationen im Bereich der geographischen Breiten von $-80°$ bis $+80°$
in Vorbereitung

HEFT 513
Prof. Dr. W. Schmitz und Dr. rer. F. Schmitt, Mülheim/Ruhr
Die Verwendung des Magnetbandgerätes zur Speicherung des Kurvenverlaufs elektrischer Ströme
in Vorbereitung

HEFT 514
Dr. rer. nat. M.-E. Meffert, Essen
Die Kultur von Scenedesmus obliquus in Abwasser
in Vorbereitung

HEFT 515
Prof. Dr. habil. H. E. Schwiete und Dr.-Ing. Chr. Hummel, Aachen
Thermochemische Untersuchungen im System SiO_2 und Na_2O-SiO_2
in Vorbereitung

HEFT 516
Prof. Dr.-Ing. H. Müller, Dipl.-Ing. F. Reinke und Dipl.-Ing. W. Sorgenicht, Essen
Gesamtstrahlungsmessungen der Temperaturstrahlung
in Vorbereitung

HEFT 517
Prof. Dr. med. G. Lehmann und Dr. med. J. Meyer-Delius, Dortmund
Gefäßreaktionen der Körperperipherie bei Schalleinwirkung
in Vorbereitung

HEFT 518
Dr.-Ing. H. Scheffler, Dortmund
Funktionelle Zusammenhänge der dynamischen Einflußgrößen beim handgeführten Druckluft-Abbauhammer und ihre Berücksichtigung für die Konstruktion rückstoßarmer Hämmer
in Vorbereitung

HEFT 519
Prof. Dr. phil. F. Wever, Dr. phil. W. Koch und Dr. phil. S. Eckhard, Düsseldorf
Die spektrographische Bestimmung der Spurenelemente in Stahl ohne vorherige Abbrennung
in Vorbereitung

HEFT 520
Dr.-Ing. H. Opitz, Dipl.-Ing. H. Obrig und Dipl.-Ing. P. Kips, Aachen
Untersuchung neuartiger elektrischer Bearbeitungsverfahren
in Vorbereitung

HEFT 521
Prof. Dr.-Ing. H. Opitz und Dipl.-Ing. K. E. Schwartz, Aachen
Das Abrichten von Schleifscheiben mit Diamanten
in Vorbereitung

HEFT 522
J. Lorentz und K. Brocks
Elektrische Meßverfahren in der Geodäsie
in Vorbereitung

HEFT 523
K. Eberts
Entwicklungen einiger Meßverfahren und einer Frequenz- und amplitudenstabilisierten Meßeinrichtung zur gleichzeitigen Bestimmung der komplexen Dielektrizitäts- und Permeabilitätskonstante von festen und flüssigen Materialien im rechteckigen Hohlleiter und im freien Raum bei Frequenzen von 9200 und 33000 MHz
in Vorbereitung

HEFT 524
Dr. rer. nat. S. Lockau, Emlichheim
Versuche zur Gewinnung von Kartoffeleiweiß
in Vorbereitung

HEFT 525
Prof. Dr. Dr. h.c. H. P. Kaufmann und Dr. F. Weghorst, Münster
Beiträge zur Chemie und Technologie der Fetthärtung I

HEFT 526
Dr. phil. habil. P. Hölemann und Ing. R. Hasselmann, Dortmund
Einfluß der Oberflächenbeschaffenheit der Wandung auf den Ablauf von Azetylenexplosionen
in Vorbereitung

HEFT 527
Dr. rer. nat. K. G. Müller, Hanau/W.
Wärmeübertragung auf eine Flugstaubströmung im senkrechten Rohr sowie auf eine durchströmte Schüttgutschicht
in Vorbereitung

HEFT 528
Dr. P. Ney und Dr. F. Schwarz, Köln
Physikochemische Grundlagen der Bildsamkeit von Kalken unter Einbeziehung des Begriffs der aktiven Oberfläche
Kristallchemische Betrachtung der Bildsamkeit
in Vorbereitung

HEFT 529
Dr. phil. G. Riedel, Dortmund
Messung und Regelung des Klimazustandes durch eine die Erträglichkeit für den Menschen anzeigende Klimasonde
in Vorbereitung

HEFT 530
Prof. Dr. med. O. Graf, Dortmund
Nervöse Belastung im Betrieb — I. Teil: Nachtarbeit und nervöse Belastung
in Vorbereitung

HEFT 531
Prof. Dr.-Ing. habil. K. Krekeler, Dipl.-Ing. H. Verhoeven und Dipl.-Ing. H. Ernenputsch, Aachen
Autogenes Entspannen bei niedrigen Temperaturen
in Vorbereitung

HEFT 532
Prof. Dr.-Ing. habil. K. Krekeler, Dipl.-Ing. H. Verhoeven und Dipl.-Ing. W. Krieweth, Aachen
Schutzgasschweißen mit kontinuierlich abschmelzender Elektrode von niedriglegierten Kohlenstoffstählen (Sigma-Schweißen)
in Vorbereitung

WESTDEUTSCHER VERLAG · KÖLN UND OPLADEN

If you have any concerns about our products,
you can contact us on
ProductSafety@springernature.com

In case Publisher is established outside the EU,
the EU authorized representative is:
Springer Nature Customer Service Center GmbH
Europaplatz 3, 69115 Heidelberg, Germany

Printed by Libri Plureos GmbH
in Hamburg, Germany